Der Schutzbereich von Blitzableitern

Neue Regeln
für den Bau von Blitz-Fangvorrichtungen

Von

Dr.-Ing. A. Schwaiger

o. Professor an der Technischen Hochschule in München
und Vorstand des Hochspannungslaboratoriums

Mit 27 Textabbildungen
und 3 Kurventafeln

München und Berlin 1938
Verlag von R. Oldenbourg

Vorwort.

In Deutschland werden durch Blitzschäden jährlich Werte von etwa 15 Millionen Mark vernichtet. Davon entfallen rund 90% auf das Land und nur etwa 10% auf die Städte. Der weitaus größte Teil des Schadens entsteht demnach durch Vernichtung von Erntevorräten und bäuerlichen Anwesen.

Die Gesamtsumme dieses Schadens ist im Vergleich zum allgemeinen Verderb allerdings nicht groß. Zudem kann sich der einzelne gegen die ihm durch Blitzschäden erwachsenden Verluste schützen, indem er eine Versicherung eingeht.

Heute sieht man jedoch dieses Problem mit anderen Augen an: Durch diese Schäden wird die Ernährungsgrundlage unseres Volkes geschmälert und die erlittenen Verluste müssen durch Einfuhr ersetzt werden. Außerdem muß der Schaden des Brandleiders vergütet werden.

So fällt also die Frage des Schutzes von Gebäuden in den Rahmen des Vierjahresplanes und es ist deshalb notwendig, sich mit dieser Frage zu beschäftigen.

Nun besitzen ja viele unserer Häuser Blitzableiter und man könnte meinen, daß zur Einschränkung dieser Schäden nur für eine möglichste Verbreitung der Blitzableiter gesorgt werden müßte.

Leider sind aber die Erfahrungen, die man mit den Blitzableitern gemacht hat, nicht durchwegs zufriedenstellend, indem viele Fälle bekannt geworden sind, wo der Blitz den Weg über den Blitzableiter verschmäht und daneben in das Gebäude eingeschlagen und gezündet hat, obwohl der betreffende Blitzableiter als »einwandfrei« gegolten hat. Diese Erfahrungen gehen zurück bis in die Zeit der ersten Blitzableiter und reichen bis in die heutige Zeit.

Auch die elektrischen Leitungsanlagen, insbesondere die Hochspannungsleitungen, sind bevorzugte Einschlagstellen des Blitzes. Die Erfahrung lehrt auch hier, daß die heute üblichen Blitzschutzvorrichtungen keinen Vollschutz gewähren,

4

indem der Blitz manchmal in die zu schützenden Phasenseile statt in das Blitzseil einschlägt. Die Einschränkung der dadurch verursachten Schäden, insbesondere der damit verbundenen Betriebsunterbrechungen, ist dringend notwendig, wenn es sich um wichtige Anlagen handelt.

Der Verfasser versucht im folgenden, die hier vorliegenden Fragen vom Standpunkt der Hochspannungstechnik aus zu betrachten. Zusammenfassend kann man sagen, daß auf Grund unserer heutigen Kenntnisse die im Verlauf von fast 200 Jahren immer wieder laut gewordenen Vermutungen, die Blitzableiter böten nicht den erwarteten Schutz, richtig sind und daß die Forschungen auf dem Gebiet der Hochspannungstechnik den Weg zur Verbesserung der Blitzableiteranlagen weisen.

Die neuen Anweisungen und Regeln zur Verbesserung der Blitzableiteranlagen werden im folgenden an Hand von Beispielen erläutert. Im großen und ganzen handelt es sich darum, die Höhen und Abstände der Fangvorrichtungen richtig zu bemessen.

Die vom Verband deutscher Elektrotechniker und vom »Ausschuß für Blitzableiterbau« (ABB) herausgegebenen »Leitsätze über den Schutz der Gebäude gegen den Blitz«, die Ausführungsbestimmungen und Anweisungen, die in der Schrift »Blitzschutz« zusammengefaßt sind, lassen hinsichtlich der Schutzeinrichtungen, der Höhe der Fangvorrichtungen und ihrer Anordnung einen weiten Spielraum. Die Ausführung einer Blitzschutzanlage nach den im folgenden mitgeteilten neuen Richtlinien ist deshalb durchaus im Rahmen dieser Leitsätze, Ausführungsvorschläge und Anweisungen möglich.

Bei der Durchführung der einschlägigen Versuche wurden Laboratoriumseinrichtungen benützt, deren Beschaffung die Bayerische Versicherungskammer München, der Bund der Freunde der Technischen Hochschule München und die Deutsche Forschungsgemeinschaft Berlin in dankenswerter Weise ermöglicht haben.

Es obliegt mir noch, dem Verlag für die Ausstattung des Buches und die rasche Drucklegung zu danken.

München, Mai 1938　　　　　　　　**A. Schwaiger.**

Inhaltsverzeichnis.

		Seite
Vorwort		3
I. Die Entwicklung des Blitzschutzes		7
1. Geschichtliches		7
2. Der heutige Stand der Blitzschutzfrage		21
II. Der Schutzraum		25
1. Eine freistehende Fangvorrichtung		26
2. Mehrere Fangvorrichtungen gleicher Höhe		35
3. Mehrere Fangvorrichtungen verschiedener Höhe		37
4. Eine leitende Fläche als Fangvorrichtung		40
III. Ableitung der Regeln für den Blitzableiterbau		42
1. Regeln für die Errichtung von Fangleitungen		42
A. Anordnung von Längsfangleitungen		44
a) Anordnung von mehreren Längsfangleitungen		44
b) Anordnung einer einzigen Längsfangleitung		47
c) Schutz der Frontseiten (Giebelseiten)		52
d) Beispiele		53
B. Anordnung von Querfangleitungen		54
a) Anordnung von mehreren Querfangleitungen		54
b) Anordnung einer einzigen Querfangleitung		55
c) Beispiele		55
2. Regeln für die Errichtung von Fangstangen		56
a) Anordnung von mehreren Fangstangen		56
b) Anordnung einer einzigen Fangstange		58
c) Türme		59
d) Beispiele		60
IV. Beobachtungen		64
1. Der Blitz		64
2. Beobachtungen an ausgeführten Anlagen		68
V. Wissenschaftliche Begründung		85
1. Der Luftdurchschlag		86
2. Oszillierende Entladungen		89
3. Stoßspannungen		93
VI. Versuche		101
Schluß		106
Kurventafeln		109
Zahlentafeln		112
Sachverzeichnis		114

I. Die Entwicklung des Blitzschutzes.

1. Geschichtliches.

Die Ansichten und Auffassungen über die Wirkungsweise der Blitzableiter, insbesondere über den Wirkungsbereich derselben, haben im Lauf der Zeit manche Wandlungen durchgemacht. Es ist lehrreich und interessant, die geschichtliche Entwicklung des Blitzschutzes zu verfolgen.

Benjamin Franklin (1706 bis 1790) gilt als der Erfinder des Blitzableiters. In einem Brief vom 29. Januar 1750 schreibt er:

»Würde die Kenntnis der Kraft der Spitzen nicht den Menschen zum Nutzen gereichen können, wenn man dadurch Häuser, Kirchen, Schiffe u. dgl. vor dem Schlage des Blitzes zu sichern suchte? Man müßte anfangen, auf den höchsten Teilen der Gebäude aufrecht stehende eiserne Stangen zu befestigen. Diese müßten so scharf wie Nadeln gemacht und, um dem Roste vorzubeugen, vergoldet werden. Von dem unteren Ende der Stange müßte man außen am Gebäude einen Draht bis in die Erde herunter gehen lassen. Diese spitzen Stangen würden vermutlich das elektrische Feuer aus einer Wolke ganz ruhig abführen, ehe diese zum Schlage nahe genug käme, und würde uns dadurch vor diesem plötzlichen und schrecklichen Unglück in Sicherheit stellen.«

Unter der Kraft der Spitzen ist hier die Erscheinung verstanden, deren Entdeckung Otto von Guericke (1602 bis 1686) zugeschrieben wird, nämlich, daß eine Spitze die Ladung einer ihr gegenübergestellten Platte »abzusaugen« vermag. Franklin hatte also die Vorstellung, daß durch die Spitzen der eisernen Stangen auf den Gebäuden die Elektrizität der Gewitterwolken abgesaugt und unschädlich zur Erde abgeführt werden könnte, bevor es zu einer Blitzentladung kommt.

In einem Brief vom 29. Juni 1755, also 5 Jahre später, schreibt er:

»Die auf Gebäuden errichteten spitzen Stangen, welche mit der feuchten Erde verbunden sind, werden dem Schlage ent-

weder ganz vorbeugen, oder, wenn sie demselben nicht zuvor-
kommen, werden sie ihn dennoch dergestalt ableiten, daß das
Gebäude keinen Schaden davon leiden kann. Wenn man aber
in Europa meine Meinung untersucht hat, so hat man nichts
dabei in Betracht gezogen als die Wahrscheinlichkeit, daß die
Stangen den Schlag oder Ausbruch abwenden können; der
andere Teil, nämlich ihr Ableiten eines Schlages, dem sie nicht
vorbeugen können, scheint ganz vergessen zu sein, obschon
derselbe von gleicher Wichtigkeit und Vorteil ist.«

Daraus geht deutlich hervor, daß Franklin den Spitzen
auf den Gebäuden später nicht nur eine vorbeugende Wirkung, sondern auch einen Schutz beim Einschlag zugeschrieben hat.

Im Jahre 1758 hat Franklin eine förmliche Anweisung über
die Errichtung von Blitzableitern herausgegeben. »Man soll
eine dünne Eisenstange, wie sie die Nagelschmiede verwenden,
nehmen, die man 3 bis 4′ in die feuchte Erde eintreibt und
6 bis 8′ über den höchsten Punkt des Daches gehen läßt, am
oberen Ende in einen fein zugespitzten Messingsdraht von
Stricknadeldicke auslaufend. Bei längeren Häusern soll an
jedem Ende eine Leitung errichtet und auf dem First durch
einen Draht verbunden werden.« In späteren Anweisungen über
Anlagen von Blitzableitern auf Pulvermagazinen empfahl er
die Aufstellung eines Mastes neben dem Magazin, 15 bis 20′
höher als dieses, mit einem eisernen Draht von 1″ Dicke und
mit einer 5 bis 6″ langen vergoldeten Spitze; am unteren Ende
soll die Leitung bis ins Wasser geführt werden.

Für die Errichtung einer Blitzableiteranlage zum Schutz
des Pulvermagazins in Purfleet bei London wurde ein Gutachten
von einer Kommission eingeholt, der außer Franklin noch Henry
Cavendish (1731 bis 1810) angehörte. Diese Anlage wurde
nach den eben angegebenen Regeln errichtet. Etwa 150 m
entfernt von diesem Magazin befand sich das Versammlungs-
haus des Artilleriekollegiums, das ebenfalls mit einer Blitzableiteranlage versehen wurde. Dieses Haus hatte folgende
Abmessungen: Grundriß 62 mal 48′; Höhe bis zum Dachrand
40′; Dachhöhe 14′; Walmdach mit etwa 35⁰ Neigung und 15′
Firstlänge. Auf der Mitte des Firstes war eine Stange von 10′
Länge errichtet, die durch die Gratbleche mit den Rinnen und

bleiernen Röhren verbunden war. Die Rohre führten in einen 40′ tiefen Brunnen.

In dieses Gebäude schlug im Jahr 1777 der Blitz ein, traf aber nicht den Blitzableiter, sondern die eiserne Klammer eines Ecksteines über der Dachrinne, der zertrümmert wurde. Dies war der erste Fall, daß der Blitz einen »einwandfrei« angelegten Blitzableiter vermieden und daneben eingeschlagen hat. Die Einschlagstelle war 46′ von der Stangenspitze entfernt unter einem Winkel von 31⁰.

Dieser Einschlag hat damals großes Aufsehen erregt und ist viel besprochen worden (Phil. transact. Vol. 68, S. 236; Journal de phys. 1780, Bd. 16, S. 428). Manche haben die Meinung geäußert, daß man die Stange nicht in einer Spitze, sondern stumpf hätte endigen lassen sollen. Seit dieser Zeit ist der Streit, ob die Auffangstange in einer Spitze oder stumpf endigen soll, nicht mehr erloschen.

Im Jahre 1786 wurde das Haus Franklins in Philadelphia vom Blitz getroffen, aber nicht beschädigt. Franklin schreibt hierüber, daß die Nachbarschaft sehr in Aufregung gewesen sei; es habe sich aber nichts weiter ereignet, als daß die Spitze der Stange abgeschmolzen sei. Er schreibt weiter: »So erwies sich denn im Laufe der Jahre die Erfindung auch für ihren Urheber von Nutzen und fügte seinen persönlichen Vorteil noch zu dem Vergnügen hinzu, das er zuvor darüber empfand, daß sie für andere nützlich war.«

In Deutschland gilt der Hamburger Arzt Dr. J. A. H. Reimarus (1729 bis 1814) als der »Vater des Blitzableiterbaues«. Im Jahre 1769 leitete er selbst die Anlage des Blitzableiters auf dem Jacobi-Kirchturm zu Hamburg. Er schrieb auch eine Anzahl von Abhandlungen und Büchern über den Blitz. Sein System bestand darin, unmittelbar auf dem Gebäude über den ganzen First und den Wänden abwärts entlang einen breiten Streifen von Blei oder Kupfer zu legen und denselben unmittelbar an der Erdoberfläche ausmünden zu lassen, wobei alles leitende Material, wie Regenrinnen usw. benutzt werden kann. Den Fangstangen legt er keine große Bedeutung bei, die Spitzen hält er nicht für notwendig. Früher hatte er sich noch ganz für Stangen und Spitzen ausgesprochen.

Durch die Schriften des Reimarus veranlaßt errichtete der Abt v. Felbiger im Jahre 1769 einen Ableiter auf dem Turm seiner Stiftskirche in Sagan, nachdem er im Jahre 1749 in dieser Kirche während des Gottesdienstes vom Blitz beinahe erschlagen worden wäre. Später erlebte er in Preßburg mehrere Blitzeinschläge, die neben den Blitzableitern in die Gebäude selbst erfolgten. In einer Schrift zählt er eine Reihe solcher Einschläge auf, die neben den Blitzableitern lagen und schließt daraus, daß der Schutzbereich des Blitzableiters sehr klein sei, »ohne daß man denselben jedoch zur Zeit bestimmen könne«.

Sehr bekannt geworden sind auch die Schriften des kurpfälzischen Hofkaplans und späteren Geistlichen Rates Jak. Hemmer (1733 bis 1790), Vorsteher des kurpfälzischen Kabinetts der Naturlehre in Mannheim. In der Anordnung des Blitzableiters folgt er Franklin; er benützt Stangen von $\frac{1}{2}''$ Dicke für die Luftleitung und Blei für die Bodenleitung. Die Auffangstangen macht er 12 bis 15' hoch und versieht sie mit mehreren Kupferspitzen, die er in Kreisform anordnet. Die Erdung erfolgt durch Metallstreifen mit etwa 0,8 m² Oberfläche in tiefen Gruben. Er empfiehlt, die Leitungen über den First zu führen und die einzelnen Auffangstangen eines Gebäudes miteinander zu verbinden. Hemmer ist der Meinung, daß bei spitzigen Körpern die Schlagweite größer ist wie bei stumpfen, »wenn die Einwirkung des elektrischen Kondensators sehr rasch erfolgt«[1].

Der Physiker L. Ch. Lichtenberg (1742 bis 1799) hat neben seiner reichen literarischen Tätigkeit auch eine Schrift über »Verhaltungsregeln bei nahen Donnerwettern« verfaßt, in welcher er unter anderem empfiehlt, die Fangstangen in

---

[1]) In einer Lebensbeschreibung Hemmers heißt es, daß er sich überall als guten Deutschen ausgegeben hat. Er liebte seine Muttersprache in dem Grad, daß er alle Fremdwörter sorgfältig vermeidet. Der theoretische Teil seiner Abhandlung ist der »beschauliche«, der praktische der »ausübende«. Die positive Elektrizität ist »die gehäufte, gestärkte, die Elektrizität im Überfluß«, die negative Elektrizität ist die »geschwächte, mangelhafte«. Für »Elektrizität« gibt er die Übersetzung »Agtsteinkraft« an. Er hat auch eine neue Rechtschreibung einzuführen versucht; Klopstock trat diesem Vorschlag bei.

Spitzenbüscheln endigen zu lassen, wie man sie auch heute noch manchmal findet. In einem Briefwechsel mit Prof. Michaelis in Göttingen schrieb er unter anderem, daß der Tempel Salomons während seines mehr als tausendjährigen Bestehens deshalb niemals vom Blitz beschädigt worden sei, weil er vollständig mit Metall bedeckt war und Metallrinnen zur Ableitung des Regenwassers in großer Zahl in den Boden geführt haben.

Im Jahr 1779 empfahl Lord Mahon in seinem Werk »Principles of electricity« für den Blitzableiter Stangen von 15′ Höhe im Abstand von 40 bis 50′ zu verwenden.

J. Helfenzrieder, Professor der Physik an der Universität Ingolstadt, weist in einer in Eichstätt erschienenen Schrift aus dem Jahr 1785 mit besonderem Nachdruck darauf hin: »Der Blitzableiter muß stets eine ununterbrochene Leitung bilden und möglichst große Ausdehnung im Boden besitzen, damit es keine Stauungen der Elektrizität mit seitlichen Entladungen geben kann.« An einer andern Stelle schreibt er: »Man kann hier nicht genug tun und sollte Kosten nicht scheuen, da die Bodenleitung das Wichtigste ist und später nicht leicht nachgesehen werden kann.«

F. C. Achard, Direktor der physikalischen Klasse der Akademie der Wissenschaften in Berlin, schlug vor (1798), für den Blitzschutz Stangen von 7 bis 8′ Höhe auf einem 5 bis 6′ hohen Gestell zu verwenden und den Abstand derselben nicht größer als 60′ zu machen.

M. von Imhof, Direktor der physikalischen Klasse der Akademie der Wissenschaften in München, weist auch mit Nachdruck darauf hin, daß die Güte und Zuverlässigkeit eines Blitzableiters vorzugsweise von der Güte und zureichenden Anzahl von Bodenleitungen abhängt. Er hat innerhalb 21 Jahre 1038 Anlagen errichtet, die 71 Einschläge auf das Beste abgeleitet haben. Die Fangstangen machte er sehr hoch, bis zu 18′, also wesentlich höher als bis dahin üblich war, den Schutzkreis schätzt er zu 30 Fuß.

Prof. H. A. de Saussure macht darauf aufmerksam, daß die hohe Peterskirche in Genf seit Jahrhunderten durch Blitze nicht beschädigt worden ist, da sie in den bis zum Boden herabreichenden Metallkonstruktionen mit einem »zufälligen« Blitzableiter versehen sei. Eine andere viel niedrigere Kirche dagegen, die diesen Schutz nicht hat, sei wiederholt durch Einschläge beschädigt worden.

In Italien wurde der erste Blitzableiter von Prof. J. Toaldo in Padua errichtet. Ein anderer Italiener, Graf M. Landriani, Prof. der Physik in Mailand, hat eine Schrift über Blitzableiter verfaßt, deren Klarheit, Gediegenheit und vollendete Form der Darlegung gerühmt werden. Im allgemeinen verfährt er bei der Anlage von Blitzableitern wie Franklin. Den Schutzkreis nimmt er auf Grund bekannt gewordener Einschläge zu 70 bis 80′ an.

Der praktische Arzt J. Ingenhousz, Holländer von Geburt und später in England ansässig, sagt in einer Schrift, daß die Gewitterwolken meist viel zu weit entfernt seien, als daß sie auf der Erde ihre elektrische Ladung abgeben könnten; es müßte vorher für die Elektrizität ein Weg gebahnt werden, entweder durch Bruchstücke der Wolke selbst oder durch eine dicke Regensäule. Er empfiehlt für die Blitzableiter die Anbringung spitziger Stangen in Entfernungen von 50 zu 50′, die miteinander leitend zu verbinden seien. Den besten Schutz böte nur ein ganz mit Metall bedecktes Dach, von dem Leitungen zur Erde angeordnet seien. Auffangstangen wären dann nicht mehr notwendig.

Der Holländer Dr. van Marum wies 1798 zum erstenmal darauf hin, daß bei der Bemessung der Blitzableiterleitungen darauf zu achten sei, wie sich die verschiedenen Metalle hinsichtlich ihrer Schmelzbarkeit verhielten.

Prof. C. W. Böckmann gab im Jahre 1811 eine Instruktion für den Bau von Blitzableitern heraus; in derselben empfahl er für die Stangenhöhe 4 bis 16′ und für den Abstand derselben 180 bis 300′ zu wählen.

In Frankreich sind die sog. »Instruktionen« sehr bekannt geworden, deren Verfasser die Professoren L. J. Gay-Lussac (1778 bis 1850) und C. S. M. Pouillet (1790 bis 1868) und M. M. Deleuil[1]) waren (Poggendorffs Annalen 1824 Bd. 1, S. 405; Dinglers polyt. Journal 1825 Bd. 16, S. 145). Ihr Inhalt ist kurz folgender: Für die Luftleitung wird Eisen mit 225 mm² Querschnitt vorgeschlagen; die Fangstangen sollen 5 bis 10 m

---

[1]) Deleuil hat sich auch um die Einführung des elektrischen Bogenlichtes verdient gemacht.

hoch sein und in eine scharfe Spitze auslaufen. Die Bodenleitung soll 4 bis 5 m vom Gebäude abstehen und in einem Brunnen mit mindestens 65 cm Wasserhöhe in 2 bis 3 Zweigen endigen.

Man sieht, daß sich diese Vorschriften sehr stark an die Anweisungen Franklins anlehnen. Bemerkenswert sind die Angaben über den Schutzraum, die Gay-Lussac wahrscheinlich von J. A. C. Charles, Professor der Physik (1746 bis 1822) übernommen hat. Dieser nahm an, daß eine Fangstange einen Schutzraum um sich herum erzeuge mit einer zylindrischen Begrenzung, mit der Fangstange als Achse dieses Zylinders. Den Halbmesser des zylindrischen Schutzraumes einer 4 bis 5 m hohen Stange nahm Charles zu 10 bis 12 m an. Pouillet war allerdings der Meinung, daß diese Regel mit aller Reserve anzunehmen sei.

Der Mathematiker und Physiker D. F. Arago (1786 bis 1853) nimmt den Radius des Schutzraumes ebenfalls gleich dem Doppelten der Stangenhöhe an.

Bergrat Dr. Hehl in Stuttgart schrieb in seiner »Anleitung zur Errichtung und Untersuchung der Blitzableiter« (1827), daß die Höhe der Fangstangen zu 12′ und der Wirkungskreis zu 40′ anzunehmen sei.

W. Eisenlohr, Professor der Physik am Polytechnikum in Karlsruhe, nimmt die Form des Schutzraumes als Kegel an, dessen Spitze mit der Stangenspitze zusammenfällt und dessen Bodenkreis einen Radius besitzt gleich dem doppelten Abstand der Stangenspitze vom Boden (1867).

H. Wilde schlägt in seiner Instruktion die Verwendung von 1,5 m hohen Fangstangen im Abstand von 14 m vor (1872).

In Paris wurde im Jahr 1878 eine Kommission ernannt, bestehend aus E. Becquerel; Belgrand; Desains; Saint Claire Deville; Fizeau und du Moncel. Diese gab die »Instruction de la commission chargée d'etudier l'établissement des paratonnerres des édifices municipaux de Paris« heraus, in der der Schutzkreisradius zum 1,75fachen der Stangenhöhe angegeben wird.

Eine sehr beachtenswerte Förderung erhielten die Kenntnisse über die Erdung durch die Arbeiten von A. Töpler, Professor der Physik in Dresden (ETZ 1884; S. 246). Er weist durch Versuche nach, daß die Gefahr der Seitenentladungen,

also des Abspringens des Blitzes von der Leitung mit Zunahme
des Erdwiderstandes wächst. Der Anschluß der Blitzableiter
an Gas- und Wasserleitungen sei zur Sicherheit des Menschen
geboten. Die unmittelbare Nähe eines Blitzableiters, selbst
eines solchen mit tadelloser Erdung, sei keineswegs harmlos,
und die Berührung eines solchen bei heftigen Blitzschlägen ver-
ursache starke Erschütterungen des Körpers. Es empfiehlt sich
deshalb nicht, die Leitungen im Innern des Hauses zu führen.

D. Colladon, Professor an der Akademie in Genf, beschäftigte sich besonders mit den Blitzeinschlägen in Bäume.
Er fand, daß jede Baumart in charakteristischer Weise vom
Blitz getroffen und verletzt wird. Die eine Art ziehe den Blitz
unter gleichen Bedingungen mehr an als die andere; die ita-
lienische Pappel stehe obenan, dann folgt die Eiche. Die erstere
werde jedoch 6 mal öfter getroffen als die letztere. Aus mehreren
Einschlägen schließt Colladon, daß der Blitz in die Bäume
nicht als einziger Strahl, sondern in der Form eines Strahlen-
büschels einschlägt. In einem Weinberg beobachtete er, daß
sich die Spuren des Einschlages auf einer Kreisfläche von 15 m
Dmr. nachweisen ließen. Von 335 Weinstöcken waren die
Blätter, an 2000 bis 3000 Stück, deutlich braun gefärbt; doch
waren keine tiefer gehenden Verletzungen zu beobachten.

Pater Secchi, Professor der Astronomie in Rom, beobachtete eine Reihe von Einschlägen in die Kathedrale von Alatri.
Aus diesen Vorfällen und den beobachteten Begleitumständen
kommt Secchi zum Schluß, daß man die Oberfläche der Bodenleitung gar nicht groß genug machen könne und daß es unbedingt notwendig sei, nahe Gas- und Wasserleitungsrohre mit
dem Blitzableiter zu verbinden.

In Deutschland hat Dr. W. Holtz, der Erfinder der nach
ihm benannten Elektrisiermaschine, in einer Schrift die Anwendung von Spitzen auf den Fangstangen empfohlen. Sie
seien notwendig, nicht etwa weil sie die Wolkenelektrizität ge-
räuschlos entladen, sondern weil sie die Schlagweite vergrößern, also den Blitz besser auf sich ziehen und damit den
Schutzraum der Fangstangen vergrößern. Als Schutzraum
nimmt Holtz ebenso wie Eisenlohr einen Kegel an, jedoch mit
einem Spitzenwinkel von 90°. Der Halbmesser des Bodenkreises
ist also gleich der einfachen Höhe der Spitze über dem Boden.

Holtz begründet auch diese Annahme; er sagt, der Blitz könne kaum tiefer als unter einem Winkel von 45⁰ auffallen. Deshalb seien in dem von ihm angegebenen Schutzraum alle Gegenstände gegen Einschläge geschützt.

Hierzu ist zu bemerken, daß die Annahme, der Blitz könne nicht tiefer als unter einem Winkel von 45⁰ einfallen, nicht begründet ist. Prof. B. W a l t e r , Hamburg, hat durch seine Blitzaufnahmen nachgewiesen, daß der Blitz geradezu w a a g r e c h t zur Einschlagstelle hin einfallen kann. Dann ist aber auch nicht zu ersehen, warum die Gegenstände im Holtzschen Schutzkegel gegen Einschläge gesichert sein sollen, wenn der Blitz tatsächlich unter einem Winkel von höchstens 45⁰ einfällt. Man denke sich den ganzen Kegel des Holtzschen Schutzraumes mit Metall bedeckt. Auch in diesem Falle dürfte nach Ansicht von Holtz der Blitz nur in die Spitze oder in die Erde neben dem Kegel einschlagen können. Holtz geht dabei offenbar von der Annahme aus, daß die Schlagweite zur Spitze hin wesentlich größer sei als zum Kegelmantel. Ein einfacher Versuch zeigt aber, daß diese Annahme nicht zutrifft. Hierauf soll später noch gründlich eingegangen werden.

Die beiden Voraussetzungen, die Holtz als Fundament für seine Schutzraumtheorie annimmt, erweisen sich demnach als i r r i g , und damit fällt die Holtzsche Theorie.

Merkwürdigerweise wird aber trotzdem der Holtzsche Schutzraum auch h e u t e noch als r i c h t i g und g ü l t i g anerkannt.

Im Jahre 1881 beschäftigte sich auch von H e l m h o l t z in einem Vortrag mit der Frage der Blitzableiter. Er ist der Meinung, daß es sich bei der Blitzentladung bestimmt um o s z i l l a t o r i s c h e Vorgänge handle. Im übrigen aber habe die Theorie der Wirkungen der Blitzableiter noch ihre Schwierigkeit. Den damaligen Theorien über den Schutzraum scheint er mit einigem Mißtrauen gegenübergestanden zu haben.

K. W. Z e n g e r , Professor am tschechischen Polytechnikum in Prag, schrieb in der Internationalen Zeitschrift für die elektrische Ausstellung in Wien (1883) über Blitzableiterkonstruktionen. Er ist der Ansicht, daß »auf keinem Gebiet der Elektrizitätslehre noch so viel Vages, Unaufgeklärtes, Unbestimmtes herrsche als in der Lehre von Zweck und Ein-

richtung der Blitzableiter«. Er ist der Meinung, daß eine Auffangstange die vierfache Höhe »derjenigen horizontalen
Kreisfläche haben müsse, die beschützt werden soll«. Bei Türmen sei der Durchmesser des horizontalen Schutzkreises gleich
dem dritten Teil der Stangenhöhe anzunehmen. Infolge der Annahme dieses geringen Schutzraumes kommt Zenger zur Anordnung einer großen Zahl symmetrisch verteilter Leitungen
auf den Gebäuden. Schon im Jahre 1873 hatte Zenger diese
seine Ansicht in einem Vortrag vor der British association in
London vertreten, der unter dem Titel »On the action of sym-
metrical conductors« im Meteorological magazine Vol. VIII,
S. 155 veröffentlicht ist.

In der Schweiz wurden im Jahr 1884 »Regeln für die Anlage und Einrichtung von Blitzableitern« herausgegeben, welche
von der Eidgenössischen Schweizerischen Commission für Me-
teorologie ausgearbeitet worden waren. Dieser Commission
haben angehört die Professoren H. F. Weber, R. Bilwiller
und H. Dufour. Dort wird angegeben, daß eine Stange von
5 m Höhe ein Haus mit einem First von 15 m Länge schützen
könne.

R. Anderson, leitender Teilhaber der Blitzableiterfabrik
Sanderson & Cie. in London, hat ein größeres Werk, das in
vielen Auflagen erschienen ist, geschrieben. Auch hier wird der
Halbmesser des Schutzkreises gleich der Stangenhöhe angenommen. Er schreibt aber, die Höhe der Fangstange werde
vielfach dem Beblieben des Architekten überlassen. In Frankreich wende man meist sehr hohe Stangen an, in England dagegen sehr niedrige. In England scheine man sie verbergen, in
Frankreich umgekehrt sie zu einem besonders in die Augen
springenden Teil des Gebäudes machen zu wollen.

Es ist sehr lehrreich, die Annahmen über das Verhältnis
des Halbmessers des Schutzkreises zur Stangenhöhe in histori-
scher Folge zusammenzustellen. Die wichtigsten sind die folgenden.

Zusammenstellung.

1777 Franklin Halbmesser zu Stangenhöhe $= 1{,}7$
1779 Lord Mahon. . . . . $= 1{,}5$
1798 Achard . . . . $= 2{,}0$

1807 Charles	. . . .	$= 2{,}0$
1809 Böckmann	. . . .	$> 9{,}0$
1816 Imhof	. . . .	$= 1{,}65$
1823 Gay-Lussac	. . . .	$= 2{,}0$
1823 Pouillet	. . . .	$< 2{,}0$
1827 Hehl	. . . .	$= 3{,}3$
1854 Arago	. . . .	$= 2{,}0$
1867 Eisenlohr	. . . .	$= 2{,}0$
1872 Wilde	. . . .	$= 4{,}0$
1878 Becquerel	. . . .	$= 1{,}75$
1878 Holtz	. . . .	$= 1{,}0$
1883 Zenger	. . . .	$= 0{,}125$
1884 Weber	. . . .	$= 1{,}5$
1885 Anderson	. . . .	$= 1{,}0$

Man sieht, daß die Werte des Verhältnisses: Halbmesser des Schutzkreises zu Stangenhöhe zwischen 0,125 und 9 schwanken, und zwar ist man im Laufe der Zeit von den niedrigeren Werten zu den höheren übergegangenen und schließlich wieder zu ganz niedrigen zurückgekehrt. Abgesehen von der Unsicherheit, die hierbei zum Ausdruck kommt, scheint doch die Tatsache, daß immer wieder Einschläge neben dem Blitzableiter erfolgt sind, zur Annahme immer kleinerer Schutzräume gezwungen zu haben.

Damit ist die Geschichte und Entwicklung der Blitzableiteranlagen unter Verwendung von Stangen als Fangvorrichtung abgeschlossen. Seit den Arbeiten von Holtz ist nichts Neues mehr zur Theorie des Schutzraumes der Fangstangen hinzugekommen. Der Holtzsche Schutzraum hat bis zum heutigen Tag Anerkennung und Geltung behalten für die Bemessung der Höhen und Abstände der Stangen.

Der Name L. H. Melsens, Professor der Physik und Chemie in Brüssel, bedeutet in der Geschichte der Blitzableiter einen Markstein und einen Wendepunkt. Leider muß man feststellen, daß die Ergebnisse seiner Untersuchungen heute nicht diejenige Würdigung erfahren, die sie verdienen.

Am 10. September 1863 wurde der Turm des bis dahin nicht geschützten Rathauses zu Brüssel vom Blitz getroffen und schwer beschädigt. Die Stadtverwaltung beauftragte

daraufhin Melsens, Vorschläge für die Errichtung eines Blitzschutzes auszuarbeiten.

Melsens hatte sich bis dahin mit der Blitzableiterfrage
nicht befaßt. Er nahm aber den Auftrag an und studierte nun
die gesamte vorhandene französische, deutsche und englische
Literatur über den Blitzschutz und sammelte alle Mitteilungen
über Blitzeinschläge in Gebäude. Außerdem besichtigte er eine
große Zahl von ausgeführten Anlagen und von Gebäuden, die
vom Blitz getroffen worden waren und darunter besonders
solche, wo der Blitz den Weg über den vorhandenen Blitzableiter verschmäht und daneben eingeschlagen hat.

Das Ergebnis seiner Untersuchungen hat er in den 5 »No-
tes sur les paratonnerres« herausgegeben, deren letzte im Jahre
1878 erschienen ist. Über diese Schriften heißt es in der »Geschichte des Blitzableiters« von H. Me i d i n g e r, Karlsruhe:

»In den oben erwähnten Schriften hat Melsens die Motive
seiner Konstruktion, welche übrigens eine Anweisung zur Anlage der Blitzableiter im allgemeinen in sich schließen, näher
dargelegt. Eine Fülle von Stoff wird hier geboten und in kriti-
scher Weise verarbeitet. Der Verfasser ist in g e n a u e r K e n n t-
n i s a l l e r E r f a h r u n g e n, welche in den Sprachen der 3 Haupt-
kulturländer niedergelegt sind und versteht das Beste daraus
für seine Vorschläge zu entnehmen. Man gewinnt die Überzeugung, daß ein Fachmann durch jahrelanges Studium sich
in seinen Gegenstand ganz vertieft hat. Die Publikationen
nehmen einen ersten Rang in der Blitzableiter-Literatur ein und
sie werden dauernd hoch geschätzt werden. Der Verfasser
polemisiert mit Nachdruck gegen die von den Pariser Gelehrten
ausgegebenen Instruktionen, auch gegen die des Jahres 1875,
die er als veraltet bezeichnet.«

Das Ergebnis seiner Untersuchungen, die er ausschließlich
auf die E r f a h r u n g e n mit wirklichen in der Natur erfolgten
Blitzschlägen stützt, ist, kurz zusammengefaßt, folgendes:

Melsens b e z w e i f e l t auf Grund der Erfahrungen die E x i-
s t e n z des Schutzraumes einer F a n g s t a n g e überhaupt und
v e r w i r f t damit die Verwendung von F a n g s t a n g e n als
Blitzschutz. Er hält den M e t a l l k ä f i g für den einzig richtigen,
zuverlässigen und vollkommenen Schutz.

Seit den Untersuchungen von M. Faraday (1791 bis 1867)
war bekannt, daß in einen vollkommen mit Metall umschlossenen Raum (»Faradayscher Käfig«) keine elektrische Entladung eindringen kann. Man sollte meinen, daß man bei der
Entwicklung des Blitzschutzes sofort nach Bekanntwerden
des Faradayschen Käfigs dieses Prinzip hätte aufgreifen müssen. Wohl waren Ansätze hierzu vorhanden; aber erst Melsens
hat dieses Prinzip mit aller Energie angewendet.

So gelangte Melsens hinsichtlich der zweckmäßigsten Art
von Blitzableiteranlagen zu Anschauungen, die von den damals bekannten ganz wesentlich abwichen.

Melsens kennzeichnet sein Schutzsystem durch folgende
Sätze:

1. Um ein Gebäude gegen Blitzschläge völlig zu sichern,
muß man dasselbe mit einem Netz von Drähten, wie mit einem
Käfig, umgeben, da der Schutzkreis äußerst klein ist
und der Blitz von allen Seiten auf das Gebäude
fallen kann.

2. Da der Blitz selten in einem einzigen Strahl, sondern
gewöhnlich in einer größeren Fläche mit mehreren Intensitäts-
punkten (wie Colladon wahrscheinlich macht) auftritt, so muß
man, um seine Gewalt zu brechen, nicht eine einzige Spitze,
sondern ein Spitzenbüschel anwenden; diese Spitzenbüschel
müssen in großer Zahl vorhanden sein, können aber ganz niedrig
gehalten werden[1]).

3. Die Bodenleitung soll eine möglichst große Ausdehnung
haben; es gibt nichts Besseres als die Rohre der Gas- und
Wasserleitung, ja der Anschluß an dieselben wird zur unbeding-
ten Notwendigkeit, um dem Abspringen des Blitzes von der
Luftleitung vorzubeugen für den Fall, daß in einem Gebäude
sich jene Rohrleitungen befinden.

Damit war auf Grund der in der Natur beobachteten Blitzschläge den Fangstangen als üblichem Gebäudeschutz das
Urteil gesprochen.

J. C. Maxwell (1831 bis 1879) hat sich ebenfalls mit der
Blitzableiterfrage beschäftigt. Er hält den Faradayschen
Käfig für den besten Schutz und verweist darauf, daß man

---

[1]) W. v. Siemens hält die Spitzenbüschel nicht für notwendig.

hierbei auf die Anwendung einer Erdung verzichten kann, wenn das Leitungsnetz über dem Gebäude an eine am Boden um das ganze Gebäude herumlaufende Leitung angeschlossen wird. Auffangstangen seien hierbei nicht notwendig.

Die Untersuchungen Maxwells sind niedergelegt in der Schrift »On the protection of buildings from lightning«. Sie ist erschienen im Jahre 1867, also etwa 3 Jahre später nach dem oben erwähnten Vortrag von Prof. Zenger in London. Maxwell geht von demselben Grundgedanken aus wie Zenger, nur verlangt er keine »symmetrischen« Anordnungen für das Schutznetz.

Gelegentlich beruft man sich bei der Empfehlung, als Blitzschutz Fangstangen zu verwenden, auf Faraday, welcher die Anwendung derselben empfohlen hätte. Dies ist, in dieser Allgemeinheit ausgesprochen, jedoch nicht richtig. Faraday hat nämlich über Blitzschutzanlagen nichts geschrieben. Er hat aber mehrmals Gutachten über die Errichtung von Blitzschutzanlagen erstattet und hierbei allerdings Fangstangen empfohlen. Bei diesen Gutachten hat es sich aber um den Schutz von Türmen (Leuchttürme, Schornsteine usw.) gehandelt und hier sind tatsächlich Fangstangen am Platz, wie wir noch sehen werden.

Zusammenfassung.

Überblickt man die geschichtliche Entwicklung der Blitzschutzanlagen, dann kann man zusammenfassend folgendes sagen:

Die in der Zusammenstellung aufgeführten Regeln über die Größe des Schutzkreises von Fangstangen können nicht als Richtschnur für die Bemessung der Fangvorrichtungen gelten; denn erstens gehen die Werte für das Verhältnis des Schutzkreishalbmessers zur Stangenhöhe zu weit auseinander und zweitens sind sie auch durch die Erfahrung nicht bestätigt, wie Melsens an Hand eines reichen Erfahrungsmaterials nachgewiesen hat. Auch die von Holtz angegebene Schutzraumregel kann keinen Anspruch auf Gültigkeit erheben, schon deshalb nicht, weil ihre Begründung nicht anerkannt werden kann.

Es bleiben also noch übrig die Regeln der beiden großen Forscher Maxwell und Faraday.

Maxwell empfiehlt für den Schutz der Gebäude üblicher
Art die Anwendung eines Netzes von Leitungen nach Art
des Faradayschen Käfigs. Melsens ist auf Grund seiner er-
schöpfenden Untersuchungen über die Beobachtung wirklicher Blitzschläge zum gleichen Ergebnis gekommen.

Faraday hat sich nur über den Schutz von Türmen ausgesprochen und empfiehlt hier die Anwendung von Fangstangen.

Danach wäre also die Anwendung von Fangstangen auf
den Schutz von Türmen beschränkt, während die Gebäude
mit ihren großen seitlichen Abmessungen im Vergleich zu
ihren Höhen durch engmaschig verlegte Fangleitungen zu
schützen wären.

2. Der heutige Stand der Blitzschutzfrage.

In Deutschland hat der Verband Deutscher Elektrotechniker im Jahre 1901 »Leitsätze über den Schutz der Gebäude
gegen den Blitz« herausgegeben. Diese Leitsätze sind bis auf
den heutigen Tag unverändert geblieben; sie haben in der aller-
letzten Zeit eine Erweiterung nur in der Richtung erfahren, daß
nunmehr auch Aluminium als Werkstoff für die Blitzableiterleitungen zugelassen wird.

Zu diesen »Leitsätzen« sind durch den »Ausschuß für Blitzableiterbau« (ABB) Erläuterungen und Ausführungsvorschläge hinzugekommen, die im Jahre 1924 in Form eines kleinen Buches »Blitzschutz« zusammengefaßt sind. Dieses Buch
ist im Jahre 1937 in 4. Auflage erschienen.

Über den Inhalt dieses Buches ist, soweit er hier einschlägig
ist, folgendes zu sagen.

Ein Unterschied und eine Begrenzung der Anwendungs-
gebiete für Fangstangen und Fangleitungen ist nicht getroffen. Es wird also der Schutz von Gebäuden der üblichen
Art mit Hilfe von Fangstangen ebensogut für möglich erachtet wie mit Hilfe von Fangleitungen.

Über den Schutzbereich der Fangvorrichtungen im allgemeinen heißt es auf S. 12 wie folgt:

»Der Schutzbereich einer Blitzschutzanlage, das ist der
Raum (Schutzraum), auf den sich nach der herkömmlichen

Auffassung der Schutz erstreckt, läßt sich nicht mit Bestimmt-
heit umgrenzen. Vielmehr muß man sich darauf beschränken,
für verschiedene Fälle geeignete Anordnungen anzugeben, ohne
indes die völlige Gewißheit zu haben, daß in den geschützten
Raum der Blitz niemals einschlägt.«

Man kann die Meinung vertreten, daß es nicht leicht ist,
die für verschiedene Fälle geeigneten Anordnungen anzugeben,
wenn man über die Größe des Schutzraumes keinen Anhalt hat.

Einige Erläuterungen und Ausführungsvorschläge lassen
jedoch erkennen, daß dem von Holtz angegebenen Schutzraum, wonach der Schutzkreishalbmesser gleich der Stangenhöhe ist, Gültigkeit zuerkannt wird.

So heißt es auf S. 26 der genannten Schrift:

»Von einem besonderen Schutz der Giebelkanten und
Traufkanten kann bei steilen Dächern meist abgesehen werden;
hat aber ein Dach eine Neigung von nur 35⁰ oder weniger, so
sind die Giebelkanten und Traufkanten durch besondere Fangleitungen zu schützen.«

Zeichnet man nämlich ein Dach mit der Neigung von 35⁰
auf mit einer Fangvorrichtung auf dem First und verbindet
man den höchsten Punkt der Fangvorrichtung mit den Traufkanten, so ergeben diese beiden Verbindungslinien den Riß des
Holtzschen Schutzraumes.

Auf den S. 100, 103, 104, 105 und 106 sind Abbildungen
von Gebäuden dargestellt, die mit Fangvorrichtungen versehen
sind. Diese Fangvorrichtungen sind so angeordnet, wie es die
Befolgung der Regel von Holtz vorschreibt. Zwar heißt es
auf. S. VII des Buches: »Es muß aber davor gewarnt werden,
diese Blätter als Vorbilder für die Planungen zu betrachten;
es sind nur Zeichnungsbeispiele und weiter nichts.« Wenn diese
»Zeichnungsbeispiele« hier dennoch als Beweis dafür angezogen
werden, daß der Holtzsche Schutzraum als gültig angenommen
wird, so geschieht dies unter der Annahme, daß die Schutzeinrichtungen auf diesen Zeichnungsbeispielen doch auch richtig sein müssen, selbst wenn diese Blätter nur als Zeichnungsbeispiele dienen sollen.

Sehr wichtige Bauwerke, welche dem Blitz stark ausge-
setzt sind, stellen die Hochspannungsleitungen dar. Deshalb werden diese ebenfalls mit Blitzfangvorrichtungen ver-

sehen. Eine häufig angewendete Form des Blitzschutzes ist hier die Verlegung eines geerdeten Seiles (Erdseil) auf der Spitze der Masten. In den Bedingungen für ein neuzeitliches Mastbild heißt es in »Elektrizitätswirtschaft« (36. Jahrgang, Heft 8, S. 170) unter 3:

»Das Erdseil muß in seiner Eigenschaft als Blitzschutzseil über den Phasen angeordnet sein, und zwar so hoch, daß es mit Sicherheit etwa auftretende atmosphärische Entladungen in die Leitungsanlage von den Phasen fernhält. Die Schirmwirkung dürfte erreicht sein, wenn das Erdseil die beiden äußersten Phasen mit einem Winkel von je 45⁰ einschließt.«

Diese Forderung wird durch den Holtzschen Schutzraum erfüllt; denn hier beträgt die Neigung der Erzeugenden 45⁰ gegen die Waagrechte.

In der Tat ist diese Forderung bei fast allen Masten mit übereinanderliegenden Phasenseilen erfüllt. Hierauf und auf die Erfahrungen, die man mit diesem Schutz gemacht hat, wird später noch ausführlich eingegangen. Also auch hier wird die Regel von Holtz für gültig erachtet.

Im folgenden Abschnitt sollen nun die neuen Regeln abgeleitet werden, welche nach den Untersuchungen des Verfassers beim Entwurf von Blitzschutzanlagen eingehalten werden müssen, um einen möglichst vollkommenen Schutz zu erreichen.

Nach dem bisher Dargelegten ist es leicht zu sagen, um welche Fragen es sich hierbei handelt.

Nach Maxwell und Melsens ist der einzig vollkommene Schutz für Bauwerke der Faradaysche Käfig. Könnte man ein Haus vollkommen in ein Metallnetz verbergen, so wäre es gegen die schädlichen Wirkungen von Blitzschlägen vollkommen geschützt.

Dieser Schutz ist jedoch nur in wenigen Fällen anwendbar. Die Frage, die zu beantworten ist, geht deshalb darauf hinaus, zu untersuchen, welche Maschenweite man im äußersten Fall noch zulassen darf, ohne befürchten zu müssen, daß der Blitz zwischen den Drähten der Masche hindurchfährt. Diese Untersuchungen sind für Fangstangen und Fangleitungen durchzuführen. Ohne große theoretische Überlegungen kann man schon sagen, daß bei Verwendung von Fangstangen die

Maschen wahrscheinlich enger sein müssen als bei Verwendung von Fangleitungen; oder mit anderen Worten, der Schutz von Gebäuden mit Hilfe von Fangstangen ist voraussichtlich schwieriger durchzuführen als bei Verwendung von Fangleitungen.

Es ist nun leider so, daß der Schutz gegen Blitz um so teurer in der Ausführung wird, je vollkommener man ihn macht. Beim Blitzschutz von Hochspannungsleitungen wird vielfach der Standpunkt der Wirtschaftlichkeit vertreten. Man sagt, durch den, wenn auch mangelhaften, aber doch billigeren Schutz der Leitungsanlagen werden viele Blitze vom Erdseil aufgefangen. Wollte man den Schutzraum noch weiter verbessern, dann würden die Kosten für die Fangleitungen größer werden als der Schaden beträgt, der wegen des mangelhaften Schutzes noch zu erwarten ist. Besonders in Amerika wird dieser Standpunkt vertreten. Dem ist entgegen zu halten, daß in dieser Berechnung ein sehr unsicherer Faktor steckt, indem man nicht weiß, wie groß der zu erwartende Schaden infolge des mangelhaften Schutzes sein kann.

Anders liegen heute die Verhältnisse beim Gebäudeschutz und ganz besonders hinsichtlich des Schutzes bäuerlicher Anwesen, wie schon erwähnt worden ist.

Schließlich ist aber noch zu bedenken, daß nicht der Sachschaden allein maßgebend ist für die Errichtung eines, wenn auch teureren, aber doch vollkommeneren Blitzschutzes. Franklin sagt in einem Brief aus dem Jahr 1760 hierüber:

»Es gibt Menschen, auf welche die Furcht vor Gewittern einen so großen Einfluß macht, daß sie sich jedesmal sehr unglücklich fühlen, wenn sie den geringsten Donner hören. Es würde sich sehr empfehlen, diese neue Erkenntnis so allgemein und so wohlverstanden als möglich zu machen, weil der Vorteil davon nicht nur in unserm Schutz, sondern auch in unserer Beruhigung liegt. Und da der Schlag, vor welchem es uns bewahrt, in unserm Leben vielleicht nur einmal kommt, während es uns von jenen unangenehmen Empfindungen hundert- und hundertmal befreit: so würde, im ganzen, das letztere zum Glück der Menschen mehr als das erstere beitragen.«

Dieser klugen Äußerung kann man nur beipflichten. Man darf beim Schutz der Gebäude die Frage der Vollkommenheit und damit der Kosten der Schutzeinrichtung nicht nach dem Wert der zu schützenden Objekte bemessen, vielmehr soll man alle Gebäude, welche dem Menschen als Wohnung dienen, so vollkommen als möglich schützen.

II. Der Schutzraum.

Die Holtzsche Theorie über den Schutzraum der Fangstangen ist etwa 60 Jahre alt. Es drängt sich die Frage auf, warum seit dieser Zeit keine Nachprüfung dieser Theorie erfolgt ist und man immer noch an den Vorstellungen der damaligen Zeit festhält, obwohl sich einwandfrei gezeigt hat, daß auch in diesen Schutzraum hinein Einschläge erfolgt sind. Die Erklärung hierfür dürfte sein, daß uns bisher die Gesetze über die Vorgänge beim Luftdurchschlag auf große Schlagweiten und bei sehr hohen Spannungen nicht bekannt waren. Erst jetzt ist es gelungen, im Laboratorium diese Gesetze zu erforschen. Um solche Vorgänge handelt es sich aber beim Blitz.

Der Verfasser ist der Meinung, daß jetzt die Möglichkeit gegeben ist, durch Anwendung der gefundenen Gesetze auf die Blitzforschung die Frage des Schutzraumes von Fangvorrichtungen wieder aufzugreifen und den Versuch zu machen, die Blitzschutzeinrichtungen zu verbessern.

Freilich ist es auch heute noch unmöglich, künstlich so hohe Spannungen zu erzeugen, wie sie im Blitz wirksam sind. Es ist aber sicher, daß die im Versuchsfeld bei Anwendung von einigen Millionen Volt gefundenen Gesetze auch für sehr hohe Spannungen und sehr große Schlagweiten gelten, also auch auf den Blitz anwendbar sind.

Das wichtigste Gesetz, welches den folgenden Untersuchungen zugrunde liegt, lautet, auf den Blitz angewendet:

Der Blitz schlägt in die ihm zunächst liegende Stelle ein; die Formen der Einschlagstellen, ob spitzig oder stumpf, rund oder eckig und die Form des Blitzkopfes selbst haben auf die Auswahl der Einschlagstelle fast keinen Einfluß.

Im fünften Teil dieser Schrift wird dieses Gesetz eingehend begründet und auch darauf eingegangen, welche Ausnahmen dieses Gesetz erleidet und welches die Folgen dieser Ausnahmen sind.

Aus diesem Gesetz können wir eine wichtige Forderung für den Blitzschutz von Gebäuden und Leitungsanlagen ableiten:

Beim Schutz von Bauwerken müssen die Fangvorrichtungen so angeordnet werden, daß stets sie und nicht irgendwelche Teile des Bauwerkes die dem Blitz zunächst gelegene Stelle bilden, gleichgültig von welcher Seite und wie hoch oder tief der Blitz einfällt.

Da die Formen der Elektroden, d. h. die Formen der Fangvorrichtungen fast ohne Einfluß auf den Verlauf und auf die Wahl der Einschlagstelle sind, gilt das oben genannte Grundgesetz sowohl für Fangstangen als auch für Fangleitungen.

Nunmehr sollen die wichtigsten Gesetze, die zur Ermittlung des Schutzraumes dienen, an Hand einfacher Beispiele abgeleitet werden.

1. Eine freistehende Fangvorrichtung.

In Abb. 1 soll O den Querschnitt eines parallel zur Erde E in der Höhe H gespannten Fangdrahtes darstellen[1]. O kann auch die Spitze einer Fangstange bedeuten. Sie soll die einzige Erhebung in weitem Umkreis bilden. Die Erde E sei als Ebene und als guter Leiter angenommen; die Fangvorrichtung ist mit ihr leitend verbunden.

Wir denken uns jetzt den Blitz an einer Stelle a einen Augenblick lang festgehalten und fragen, wohin er von da aus einschlagen wird. Zufolge des oben angegeben Gesetzes muß der Einschlag die Fangvorrichtung treffen, weil diese dem Blitz am nächsten liegt; von der Stelle b aus dagegen erfolgt der Einschlag nach der Erde E, weil diese ihm am nächsten liegt.

Es gibt Stellungen des Blitzkopfes, von wo aus die Abstände nach O und E gleich groß sind, also Einschläge sowohl nach O als auch nach E möglich sind. Man kann den geometri-

---

[1] Wenn hier und im folgenden von der »Erde« die Rede ist, so ist damit die als leitend angenommene, ebene Erdoberfläche gemeint. Ist die Erde ein Nichtleiter (trockener Sand), dann soll unter »Erde« der Grundwasserspiegel verstanden werden.

schen Ort dieser ausgezeichneten Stellen leicht finden. Man legt
beispielsweise durch O, also H m über der Erde und parallel
zu ihr eine Gerade als Spur einer Ebene, nimmt die Strecke H
in den Zirkel und schlägt um O als Mittelpunkt einen Kreisbogen; dieser trifft die zu E parallele Gerade in den Punkten o.
Nach Konstruktion sind also die Abstände der Punkte o sowohl nach O als auch nach E hin gleich groß, beide Stellen sind
deshalb gleich stark durch einen in o eintreffenden Blitz bedroht. Dann zieht man beispielsweise in der Höhe $2H$ die Parallele zur Erde, nimmt die Strecke $2H$ in den Zirkel und schlägt
um den Mittelpunkt O wiederum einen Kreisbogen, der diese

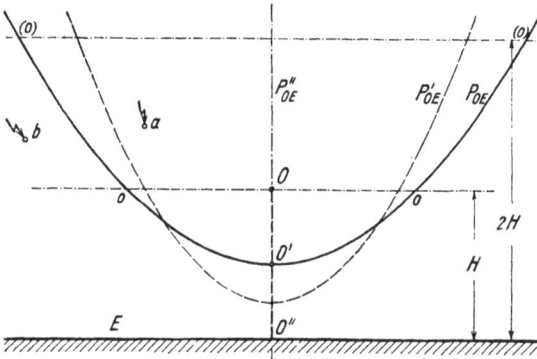

Abb. 1.

Parallele nunmehr in den Punkten (o) schneidet. Von diesen
Punkten aus kann also der Einschlag ebenfalls nach O oder E
erfolgen, da beide Schlagweiten gleich groß sind. Man konstruiert noch mehrere solche Punkte, verbindet sie miteinander und
erhält eine P a r a b e l mit O als Brennpunkt und E als Leitlinie; sie sei deshalb mit P_{OE} bezeichnet und »Grenzparabel«
genannt. Denn sie bildet die G r e n z e zwischen zwei Gebieten:
Im Gebiet innerhalb der von der Parabel umschlossenen Fläche
erfolgen alle Einschläge nach O, im Gebiet außerhalb derselben
erfolgen alle Einschläge nach E. Wir nennen diese Gebiete
»Einzugsgebiete« der Fangvorrichtung O bzw. der Erde E; die
Parabel bildet eben die Grenze zwischen diesen zwei Einzugsgebieten.

In Abb. 2 sind die Fangvorrichtung mit den beiden Stellungen a und b des Blitzkopfes und die Grenzparabel P_{OE} nochmals dargestellt. Wir nehmen die Strecke r_a, die gleich dem Abstand des Blitzkopfes in der Stellung a von O ist, in den Zirkel und schlagen den Kreis K_{aO} um a. Denkt man sich auf der Erde irgendwelche Gegenstände, z. B. ein Gebäude, dessen First nicht in diese Kreisfläche hineinragt, sondern darunter bleibt, dann könnte der Blitz von der Stellung a aus unmöglich in dieses Gebäude einschlagen, weil für ihn die Schlagweite nach O immer noch die kürzere ist. Er wird also

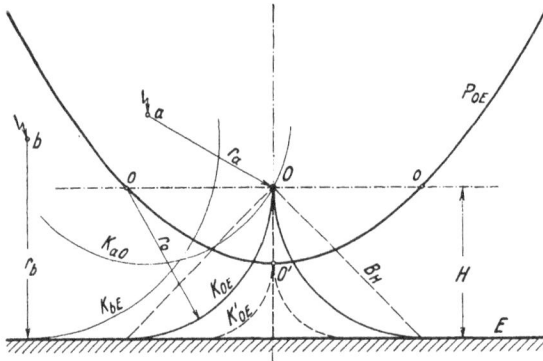

Abb. 2.

unbedingt in O einschlagen. Dies gilt sogar für den Fall, daß der First des Hauses höher als H m ist, wenn dieser First rechts von O liegt. Bedingung ist nur, daß die Schlagweite nach O die kürzeste bleibt.

Das Gebäude ist also in diesem Fall durch die Fangvorrichtung O geschützt. Der Kreisbogen K_{aO} als Spur einer Ebene begrenzt offenbar einen Raum nach unten, in den hinein kein Einschlag von a aus erfolgen kann, der demnach den »Schutzraum« der Fangvorrichtung O darstellt.

Derartige Schutzräume gibt es unendlich viele; nämlich von jedem Punkt im Raume aus kann man solche Schutzräume konstruieren. So ist von der Stellung b aus, wie gezeigt wurde, die Erde E die nächstgelegene Einschlagstelle. Nimmt man den Abstand r_b zwischen dem Blitzkopf und der Erde in den Zirkel und schlägt man um b herum den Kreisbogen K_{bE}, so erhält man wiederum die Begrenzung eines Schutzraumes. Denn alle Gegenstände, die sich unterhalb der Ebene mit dieser Kreisspur befinden, können vom Blitz aus der Stellung b nicht getroffen werden.

Die beiden ermittelten Schutzraumbegrenzungen überschneiden sich, wie die Abbildung zeigt. Daraus folgt, daß Gegenstände, die im Schutzraum K_{aO} liegen, von einem Blitzstrahl aus der Stellung b und Gegenstände, die im Schutzraum K_{bE} liegen, von einem Blitz aus der Stellung a getroffen werden können. Beide Schutzräume sind demnach nur »bedingte« Schutzräume.

Es tritt sofort die Frage auf, ob es einen Schutzraum gibt, in den hinein kein Einschlag erfolgen kann, gleichgültig, aus welcher Stellung die Blitze kommen. In der Tat gibt es einen solchen Schutzraum. Nimmt man nämlich die Strecke oO in den Zirkel und schlägt man um o den Kreisbogen K_{OE}, und zwar beiderseits von O, so erhält man die Begrenzung eines Schutzraumes, in den kein Blitz einzudringen vermag.

Dies kann man wie folgt beweisen:

Unter der Annahme, daß Blitze wirklich bis zur Spur Oo vordringen können und daß die Spannung der Blitze stets ausreichend ist, um Schlagweiten von der Länge oO zu überbrücken, muß ein Blitz, der bis zur Spur oO vordringt, unbedingt in die Fangvorrichtung O einschlagen, wenn kein leitender Körper über die Spur K_{OE} hervorragt. Denn die Schlagweite von einer beliebigen Stelle der Spur Oo bis zu einem Körper unterhalb der Spur K_{OE} ist stets größer als die Schlagweite nach O. Da aber der Blitz nach unserm Grundgesetz stets in die ihm zunächst gelegene Stelle einschlägt und diese Stelle die Fangvorrichtung O ist, kann er nicht einen unterhalb der Spur K_{OE} liegenden Körper treffen.

Mit anderen Worten: Um zu einem Körper zu gelangen, der unterhalb der Spur K_{OE} liegt, müßte der Blitz an der ihm näher liegenden Stelle O vorbeifahren, ohne dort einzuschlagen.

Ragt ein Körper über die Spur K_{OE} hinaus, dann ist ein Einschlag in diesen Körper möglich; denn es gibt Stellen auf der Spur Oo, von wo aus die Schlagweite nach dem herausragenden Körper kürzer ist, als die Schlagweite nach O.

Blitze, die bis zur Spur Oo, aber außerhalb der Strecke Oo vordringen, schlagen in die Erde E ein, weil in diesem Fall die Erde E die nächstgelegene Einschlagstelle ist.

Also ist die Spur K_{OE} die Begrenzung desjenigen Schutzraumes, in den keine Entladung eindringen kann und alle Gegenstände, die nicht über die Begrenzung K_{OE} hinausragen, sind in diesem Raume geborgen und durch die Fangvorrichtung O geschützt.

Ist die Fangvorrichtung eine Stange, dann hat der Schutzraum die Form eines Rotationskegels mit der Spur K_{OE} als Erzeugende; ist die Fangvorrichtung eine Fangleitung, dann hat der Schutzraum die Form eines langgestreckten Zeltes mit der Spur K_{OE} in der Zeichenebene.

Die Frage, ob Blitze bis zur Spur Oo vordringen können und ob ihre Spannung stets ausreicht, um Schlagweiten von der Länge Oo (bei Häusern und Hochspannungsleitungen 20 bis 30 m) zu überbrücken, kann nur durch die Beobachtungen in der Natur beantwortet werden. Wir werden sehen, daß in dieser Hinsicht genug Erfahrungen vorliegen, welche zu diesen Annahmen berechtigen.

Der gefundene Schutzraum einer einzelnen Fangvorrichtung ist sehr klein und es ist kaum möglich, in demselben ein Gebäude von den üblichen Ausmaßen (gemessen an der Höhe H) zu bergen. In Abb. 2 ist zum Vergleich auch die Begrenzung B_H des Holtzschen Schutzraumes eingezeichnet. In diesem Raum kann man sehr wohl ein Gebäude mit den üblichen Abmessungen unterbringen.

Gebäude, die im Holtzschen Schutzraum untergebracht sind, müssen nach der hier vertretenen Theorie trotzdem als blitzanfällig gelten, wenn sie dabei über die Begrenzung K_{OE} hinausragen. In der Tat sind auch genug Fälle bekannt geworden, wo der Blitz in den Holtzschen Schutzraum eingedrungen ist. Nachdem man aber die Gebäude hinsichtlich ihrer Abmessungen nicht so klein bzw. die Höhe der Fangvorrichtung nicht so groß wählen kann, daß die Gebäude auch in den Schutzraum K_{OE} zu liegen kommen, sie also blitzanfällig blieben, ist man im Laufe der Zeit erklärlicherweise dazu gekommen, an der Existenz eines Schutzraumes einer einzelnen Fangvorrichtung überhaupt zu zweifeln.

Aus der Geschichte der Blitzableiter ist bekannt, daß man in den ersten Zeiten hauptsächlich die Kirchtürme, Leuchttürme, Fabrikkamine und derartige schlanke Gebäude mit Blitzableitern versehen hat. Solche Gebäude liegen nicht nur im Holtzschen Schutzraum, sondern sozusagen von selbst meist auch im Schutzraum K_{OE}, ohne daß bei der Errichtung des Blitzschutzes für diese Gebäude der Schutzraum K_{OE} bekannt war. In der Tat hat man auch bei diesen Gebäuden sehr gute Erfahrungen mit dem Blitzschutz gemacht und die gute Meinung über die Wirksamkeit der Blitzableiter ist hauptsächlich durch diese Erfahrungen entstanden.

Wir kehren nochmals zur Betrachtung der Abb. 1 zurück. Wird die Höhe der Fangvorrichtung geändert, etwa auf die Hälfte, also auf O' erniedrigt, dann erhält man die Grenzparabel P'_{OE} und den Schutzraum mit der Begrenzung K'_{OE} (Abb. 2). Man sieht, daß das Einzugsgebiet kleiner geworden ist; d. h.: Niedrige Fangvorrichtungen werden unter sonst gleichen Umständen von weniger Blitzen getroffen als hohe. Der Volksmund sagt, daß hoch hinaufragende Gebäude mehr Blitze anziehen als niedrige. Nimmt man schließlich an, die Fangvorrichtung O'' liege unmittelbar auf der Erde, dann geht die Grenzparabel in die Gerade P''_{OE} senkrecht auf E über, die Fläche des Einzugsgebietes des Fangdrahtes wird gleich Null, ebenso der Schutzraum. Wenn der Blitz in diese Fangvorrichtung einschlägt, so ist dies ein Zufallstreffer.

Man kann die Größe des Schutzraumes abhängig von der Höhe H der Fangvorrichtung leicht berechnen. Die Strecke Oo und die Höhe H bilden ein Quadrat mit dem Flächeninhalt H^2. Daraus folgt, daß die Schnittfläche des Schutzraumes gleich $0,43\,H^2$ ist, da man von beiden Quadratflächen links und rechts von O je ein Viertel der Kreisfläche, also $0,25 \cdot H^2 \cdot \pi$ zu subtrahieren hat. Ein einfaches Beispiel soll die Bedeutung dieses Gesetzes erläutern. Auf dem First eines 18 m hohen Hauses möge das eine Mal eine 0,5 m hohe Fangstange und das andere Mal eine 10 m hohe Fangstange aufgesetzt werden. Die Größen der beiden Schutzräume verhalten sich dann wie $28^2 : 18,5^2 = 2,3$; d. h. der Schutzraum der hohen Fangstange ist um 130% größer als der der niedrigeren Fangstange.

Man kann nun die Größe der Schutzräume miteinander vergleichen. Für den Holtzschen Schutzraum erhält man die Größe der Schnittfläche zu H^2, also 2,325 mal so groß wie den Schutzraum mit der Begrenzung durch den Bogen K_{OE}.

Das wichtigste Ergebnis dieser Untersuchungen ist folgendes: Je höher die Fangvorrichtung O über der Erde liegt, um so größer ist ihre Wirkung und zwar wächst sie mit dem Quadrat der Höhe H der Fangvorrichtung.

Hinsichtlich der Höhe H der Fangvorrichtung kann man deshalb niemals zu weit gehen.

Die Berechnung der Stangenhöhe für ein zu schützendes Gebäude erfolgt in einem späteren Abschnitt.

Es ist an dieser Stelle noch eine wichtige Frage zu erörtern. Wenn man die Grenzparabel P_{OE} einer hohen Fangvorrichtung betrachtet (Abb. 1), so erkennt man, daß das Einzugsgebiet der Fangvorrichtung bis in die Gewitterwolken reicht und diese zu einem Teil oder sogar ganz einschließen kann. Daraus wäre zu schließen, daß ein großer Teil oder sogar alle niedergehenden Blitze in die Fangvorrichtung einschlagen müßten. Dem widerspricht die Beobachtung. Aus einer Reihe von photographischen Blitzaufnahmen geht hervor, daß die Entscheidung über die Einschlagstelle nicht in Wolkenhöhe, sondern viel tiefer, oft erst hart über der Einschlagstelle erfolgt. Die Frage, von welchen Größen die Höhe abhängig ist, in welcher die Entscheidung über die Einschlagstelle erfolgt, ist in ihrem ganzen Umfang bis heute noch nicht gelöst. Wir werden später allerdings eine Erklärung dafür finden, daß und warum sich beispielsweise Blitze aus positiven Wolkenladungen erst kurz über der Einschlagstelle, manchmal sogar in einem ganz scharfen Knick, der Einschlagstelle zuwenden.

Im vorstehenden haben wir zwei Arten von Räumen kennen gelernt: die Einzugsgebiete und die Schutzräume. Die Bedeutung und den Zusammenhang zwischen beiden Räumen kann man folgendermaßen kennzeichnen. Man legt in irgendeiner Höhe über der Erde eine zu ihr parallele Ebene. Die Spur derselben schneidet die Grenzkurve, welche das Einzugsgebiet der Fangvorrichtung von dem der Erde trennt, in irgendeinem Punkt. Zeichnet man von diesem Schnittpunkt aus einen Kreisbogen, der durch die Fangvorrichtung geht und die

Erde E tangiert, so erhält man die Begrenzung desjenigen Schutzraumes, in den von der betrachteten Ebene aus keine Entladung eindringen kann, falls in dieser Ebene die Entscheidung über die Einschlagstelle fällt.

Unter all den so gewonnenen Schutzräumen ist derjenige der kleinste und demnach der ungünstigste, welcher in der genannten Weise für die Ebene durch den Punkt O gewonnen wird.

Wie viele Blitze schon in großen Höhen auf die Einschlagstelle hingelenkt werden und wie viele erst in der Nähe oder auf der Ebene mit der Spur Oo, das wissen wir nicht[1]). Es kann sogar sein, daß die zuletzt genannte Gruppe von Blitzen die geringere Anzahl umfaßt. Wie dem aber auch sei, jedenfalls muß man damit rechnen, daß auch Blitze der zuletzt genannten Gruppe vorkommen.

In diesem Zusammenhang muß eine merkwürdige Beobachtung erwähnt werden, die uns einen Fingerzeig in dieser Frage gibt. Man hat nämlich aus gewissen Gründen die Einschlagstellen des Blitzes in die Erde aufgesucht, die in der Umgebung von Leitungsanlagen liegen, um festzustellen, wie nahe bei der Leitungsanlage Blitze in die Erde gehen, die Leitungsanlage also noch verschonen. In der weiteren Umgebung der Freileitungen hat man nun eine Reihe von solchen zerstreut liegenden Bodeneinschlägen gefunden. Unter den sicher feststellbaren Bodeneinschlägen lag aber keiner näher bei der Leitungsanlage als die Strecke Oo, an dieser Grenze selbst jedoch wurden mehrere Bodeneinschläge gefunden.

Diese Blitze sind demnach außerhalb der Spur Oo oder hart an der Grenze derselben, also bei o, herniedergefahren.

---

[1]) Vermutlich spielt hier auch die Spannung des Blitzes eine gewisse Rolle. Man schreibt nämlich der Blitzbahn einen gewissen Wanderwellenwiderstand Z zu, der zu 300 bis 600 Ohm geschätzt wird. Die Blitzstromstärken, die aus der Magnetisierung von Stahlstäbchen gemessen worden sind, schwanken zwischen einigen Tausend und mehr als Hunderttausend Ampere. Das Produkt aus Wanderwellenwiderstand und Stromstärke führt also zu Blitzspannungen, die zwischen einigen Millionen und fast 100 Millionen V liegen. Man kann sich vorstellen, daß Blitze mit sehr hohen Spannungen sich hinsichtlich der Einschlagstellen in höheren Lagen entscheiden, als Blitze mit niedrigeren Spannungen, wenn man die von diesen Spannungen erzeugten elektrischen Felder betrachtet.

Darunter müssen aber manche Blitze gewesen sein, die sich
vorher im Einzugsgebiet der Fangvorrichtung befunden haben,
trotzdem aber haben sie nicht in die Fangvorrichtung eingeschlagen; sie haben vielmehr dieses Einzugsgebiet durcheilt und
sind in das Einzugsgebiet der Erde E hinübergewechselt, und
zwar manche hart bei o. Bei diesen Blitzen ist demnach die
Entscheidung über die Einschlagstelle erst in einer Höhe unmittelbar bei Oo erfolgt. Das ist ein Beweis dafür, daß man mit
dem Auftreten von Blitzen rechnen muß, bei welchen die Entscheidung über die Einschlagstelle erst s e h r s p ä t erfolgt. Wir
werden im Laufe der folgenden Untersuchungen noch weitere
Beweise für die Richtigkeit dieser Annahme kennenlernen.
Daraus folgt, daß wir als w a h r e n und s i c h e r e n Schutzraum
nur den mit der Begrenzung K_{OE} anerkennen können.

Es ist deshalb berechtigt, bei unseren Untersuchungen
stets die Frage zu stellen: Wohin schlagen die Blitze ein, die
in die Nähe oder sogar ganz bis zur Ebene mit der Spur Oo
vordringen[1])?

Nehmen wir nun an, ein Gebäude rage über den Schutz-
raum K_{OE} heraus, daraus folgt aber noch nicht, daß es schon
vom e r s t e n Blitz getroffen wird. Es können vielmehr sehr viele
Blitze niedergehen, die vom B l i t z a b l e i t e r aufgenommen wer-
den. Es sind dies diejenigen Blitze, deren Entscheidung über die
Einschlagstelle schon in g r o ß e n Höhen bestimmt wird. Das
Gebäude ist vielmehr nur von den Blitzen gefährdet, deren
Entscheidung erst in d e r N ä h e von Oo fällt.

Nach diesen Darlegungen kann man die im folgenden zu
beantwortende Frage schon näher umgrenzen; sie lautet: Wie
muß die Schutzeinrichtung getroffen werden, wenn die For-

---

[1]) Eine Reihe von Autoren nehmen bei ihren Untersuchungen
über den Schutzraum einer Fangvorrichtung an, daß die Entscheidung für den Blitz über die Einschlagstelle schon beim Austritt desselben aus der W o l k e getroffen ist. Darnach wäre die Größe des
Schutzraumes einer Fangvorrichtung von der W o l k e n h ö h e abhängig. Folgt man dieser Theorie, so kommt man zum Ergebnis, daß
dann alle Blitze in die Fangvorrichtung einschlagen müßten, wenn
diese das zu schützende Gebäude auch nur wenig überragt. Dem
widerspricht aber eindeutig die jahrhundertelange Erfahrung. In
diesem Unterschied der Anschauungen sind die neuen, vom Verfasser
gefundenen Ergebnisse begründet.

derung erfüllt sein soll, daß das zu schützende Gebäude sogar noch innerhalb des ungünstigsten Schutzraumes liegt.

2. Mehrere Fangvorrichtungen gleicher Höhe.

In Abb. 3 sind z w e i Fangvorrichtungen O_1 und O_2 dargestellt. In gleicher Weise wie vorher können wir die Grenzparabeln P_{O1} und P_{O2} mit E als Leitlinie und mit O_1 bzw. O_2 als Brennpunkte zeichnen. Sie schneiden sich im Punkt p zwischen den Fangvorrichtungen. Offenbar könnte ein Blitz, dessen Kopf in p steht, sowohl nach O_1 und O_2 als auch nach E einschlagen, denn alle drei Schlagweiten sind gleich groß.

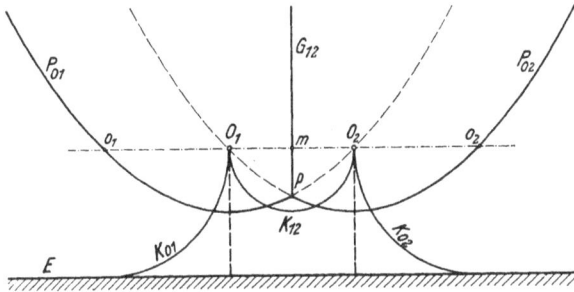

Abb. 3.

Außerdem finden wir noch eine n e u e G r e n z l i n i e, die Gerade G_{12}, die als Mittelsenkrechte auf der Verbindungslinie O_1O_2 der geometrische Ort aller Punkte ist, die gleich weit von O_1 und von O_2 entfernt sind. Diese Grenzgerade trennt demnach die Einzugsgebiete der beiden Fangvorrichtungen voneinander. Sie muß natürlich auch durch den Punkt p gehen, da auch p ein Punkt ist mit gleichem Abstand von O_1 und O_2. Bei dieser Anordnung gibt es demnach 3 Einzugsgebiete: erstens das der Erde E außerhalb der Parabelbögen, zweitens das Einzugsgebiet der Fangvorrichtung O_1, das von P_{O1} und von G_{12} begrenzt wird und drittens das Einzugsgebiet der Fangvorrichtung O_2, das von P_{O2} und G_{12} begrenzt ist.

Nun sollen die S c h u t z r ä u m e eingezeichnet werden. Die Kreisbögen K_{O1} und K_{O2} mit o_1 und o_2 als Mittelpunkte sind uns bekannt. Es ist jetzt die Frage, welche Form und Größe

die Schutzraumbegrenzung zwischen den beiden Fangvorrichtungen hat. Wir wenden auch hier die Regel an, die
wir aus der Beziehung zwischen den Einzugsgebieten und
Schutzräumen abgeleitet haben. Deshalb legen wir zwischen
den beiden Fangvorrichtungen die Spur O_1O_2 der zu E parallelen Ebene, bringen die Grenzlinie, hier also die Gerade G_{12}
mit ihr zum Schnitt und erhalten den Punkt m. Hier setzen
wir den Zirkel ein und zeichnen den Kreisbogen K_{12}, der durch
die Punkte O_1 und O_2 geht. Dieser Kreisbogen stellt die gesuchte
Schutzraumbegrenzung zwischen den beiden Fangvorrichtungen dar. Dies erkennt man aus folgender Überlegung. Wenn ein
Gegenstand, z. B. ein Haus zwischen den beiden Fangvorrichtungen steht, mit seinem First aber den Kreisbogen K_{12} nicht
berührt, dann kann es vom Blitz nicht getroffen werden. Denn
ein selbst an der ungünstigsten Stelle, nämlich bei m auftreffen-
der Blitz müßte an der ihm zunächst liegenden Einschlagstelle
O_1 oder O_2 vorbeifahren, ohne dort einzuschlagen, wenn er
nach dem Hausfirst gelangen sollte, was unserm Grundgesetz
von der kürzesten Schlagweite widerspricht.

Hier muß eine sehr wichtige Betrachtung angeknüpft
werden. Es werde angenommen, ein Blitz fahre zufällig längs
der Grenzgeraden G_{12} eine Zeitlang nach abwärts. Dieser
Blitzweg ist labil; denn wenn der Blitzkopf an irgendeiner
Stelle auch nur ganz wenig von dieser Bahn abweicht, dann
kann er nicht mehr in dieselbe zurückkehren, weil er dann von
der Fangvorrichtung, nach welcher hin er abgewichen ist,
stärker »angezogen« wird als von der anderen. Er muß deshalb unbedingt in die Fangvorrichtung einschlagen, nach welcher hin er abgewichen ist. Man kann sich vorstellen, daß hierbei der Blitz einen sehr scharfen Knick nach der Einschlagstelle hin zeigen wird.

Da die Begrenzungen des Schutzraumes Kreisbögen sind,
kann man auch hier die Größe des Schutzraumes leicht berechnen. Nimmt man beispielsweise an, daß der Abstand der Fangstangen gleich ihrer Höhe sei, dann ergibt sich wiederum, daß
der Schutzraum quadratisch mit der Stangenhöhe wächst.

Stehen mehr als zwei Fangstangen gleicher Höhe nebeneinander, so kann man leicht nach den hier angegebenen Regeln
auch hierfür die Einzugsgebiete und den Schutzraum ermitteln.

3. Mehrere Fangvorrichtungen verschiedener Höhe.

Es sei angenommen, daß neben einer höheren Fangvorrichtung zwei niedrigere stehen, wie in Abb. 4 dargestellt ist.

Die Grenzparabeln P_{2E} der beiden äußeren kleineren
Fangstangen bzw. Fangdrähte werden in bekannter Weise
gefunden, ebenso die Grenzgerade G_{12}, die als Mittelsenkrechte
auf der Verbindungslinie O_1O_2 die Einzugsgebiete der beiden
Fangstangen trennt. Diese Grenzgerade steht nicht mehr wie

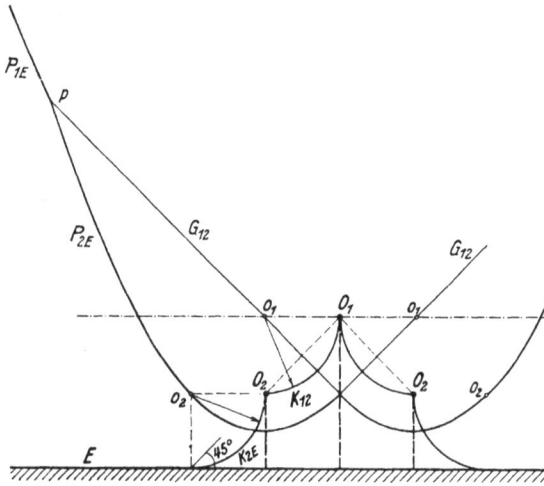

Abb. 4.

im vorigen Fall senkrecht auf E; deshalb kommt sie zum
Schnitt mit der Grenzparabel. In diesem Schnittpunkt p
schließt sich oben die Grenzparabel P_{1E} mit O_1 als Brennpunkt
an. Wenn man die Richtigkeit einer solchen Konstruktion
prüfen will, setzt man an verschiedenen Stellen die Zirkelspitze
ein und öffnet den Zirkel bis zur nächstgelegenen Fangvorrichtung. Im Einzugsgebiet dieser Fangvorrichtung muß sich
die eingesetzte Zirkelspitze befinden.

Wir erhalten natürlich wiederum drei Einzugsgebiete,
zwei für die Fangvorrichtung und eines für die Erde. Das Einzugsgebiet der Fangvorrichtung O_2 zeigt eine neue Form, es
ist nicht nach oben offen, sondern geschlossen. Solche Einzugsgebiete kann man »geschlossene« Einzugsgebiete nennen.

Legt man durch O_1 die Spur der zur Erde parallelen Ebene, so sieht man, daß das Einzugsgebiet von O_2 darüber hinausragt. Hätte man O_2 so niedrig gemacht, daß es in dem in Abb. 2 dargestellten Schutzraum von O_1 geborgen ist, dann würde sein Einzugsgebiet nicht über die Spur $O_1 o_2$ hinausragen, wie man sich leicht überzeugen kann. Damit ist auch für die Einzugsgebiete ein Kennzeichen gefunden, ob ein Gegenstand im Schutzraum einer Fangvorrichtung liegt oder nicht: Ragt das Einzugsgebiet eines Gegenstandes über die maßgebende Spur $O o$ hinaus, dann liegt er nicht im Schutzraum der Fangvorrichtung. Nur wenn das Einzugsgebiet unter dieser Spur bleibt oder gerade an diese herankommt, ist der Gegenstand gegen Blitzeinschläge geborgen.

Hier ist aber noch die besondere Frage zu prüfen, ob der Blitz auch in ein geschlossenes Einzugsgebiet eindringen kann. Denn man muß doch beachten, daß er sich zuerst unbedingt im Einzugsgebiet von O_1 oder auch von E bewegt haben muß und eigentlich dort hätte einschlagen müssen.

Man kann sagen: In je höhere Regionen das geschlossene Einzugsgebiet hinaufragt, um so größer ist die Wahrscheinlichkeit, daß der Blitz in dieses Gebiet gelangen kann.

Außerdem kann man einen weiteren sicheren Fall angeben, wo der Blitz selbst in ein tief gelegenes geschlossenes Einzugsgebiet gelangen kann, nämlich wenn er beim Herabfahren zufällig an den Punkt p gelangt; denn von da aus kann er in jedes der drei Einzugsgebiete gelangen, also auch in das geschlossene.

Ferner kann der Fall vorliegen, daß die Leitfähigkeit der Luft an irgendeiner Stelle der Grenzgeraden wesentlich größer ist als an einer andern Stelle, weil sich dort vielleicht ein verwehter Ionenschwaden gelagert hat. Auch in diesem Fall könnte der Blitz in das geschlossene Einzugsgebiet hinüberwechseln.

Daß der Blitz von einem Einzugsgebiet (Fangdraht) in ein anderes (Erde) überwechselt und zwar, wie erwiesen ist, sogar erst kurz über der Spur $O o$, wurde oben schon dargelegt. Auch daraus kann man folgern, daß der Blitz hart über der Spur $O o$ auch in ein geschlossenes Einzugsgebiet hinüberwechseln kann.

Das Wichtigste aber ist, daß die Erfahrung vorliegt, wonach viele Blitze in solche geschlossene Einzugsgebiete eingeschlagen haben. Wenn man nämlich die Einzugsgebiete der Phasenseile und Erdseile unserer Hochspannungsleitungen untersucht, kommt man bei allen Anordnungen, wo die genannten Leiter nicht in einer Ebene liegen, auf solche geschlossene Einzugsgebiete. Bei den systematischen Untersuchungen der Blitzeinschläge in solche Leitungsanlagen hat sich gezeigt, daß auch solche Phasenseile, deren geschlossene Einzugsgebiete sogar in der Höhe zwischen H und $2H$ endigen, von Blitzen getroffen werden. Die Bedeutung der Spur Oo für die Bestimmung des Schutzraumes bleibt also nach wie vor bestehen.

Die Höhe von O_2 in Abb. 4 ist so gewählt, daß die Verbindungslinie O_1O_2 die Spur E unter dem Winkel von 45^0 trifft. Darnach müßte also die Fangvorrichtung O_2 vor Einschlägen geschützt sein, wenn die Holtzsche Theorie vom Schutzraum richtig wäre. Nach der hier vertretenen Theorie ist aber O_2 nicht geschützt, sondern blitzanfällig.

Nunmehr sollen die Schutzraumbegrenzungen dieser Anordnung gesucht werden. Der Schutzraum, den die Fangstange O_2 erzeugt, wird durch den Kreisbogen K_{2E} begrenzt, mit o_2 als Mittelpunkt. Der Mittelpunkt o_2 liegt auf der Spur O_2o_2 der zu E parallelen Ebene durch O_2. Den Schutzraum zwischen den beiden Fangstangen findet man, indem man um den Schnittpunkt o_1 der Grenzgeraden mit der Spur O_1o_1 den Kreisbogen K_{12} schlägt, der durch O_1 und O_2 geht. Es werden beim Aufsuchen der Schutzräume also auch hier wiederum die Gesetze angewendet, die sich aus dem Zusammenhang zwischen den Grenzgebieten und Schutzräumen ergeben.

Der eben gefundene Schutzraum gilt auch für den Fall, daß O_1 eine hart über dem First eines Hauses verlegte Fangleitung und O_2 die Achse einer geerdeten Dachrinne bedeutet. Die Verbindungslinie O_1O_2 stellt dann die Oberfläche des Daches und die Senkrechte durch O_2 bis zur Erde die Seitenwand des Hauses dar. Man sieht, daß ein solcher Schutz nicht vollkommen ist, da das ganze Dach dem Blitz zugänglich ist, weil es außerhalb des Schutzraumes der Fangvorrichtung liegt.

Nach den gleichen Regeln wie für die Fangvorrichtungen nach den Abb. 3 und 4 kann man auch die Einzugsgebiete und Schutzräume für beliebig viele gemischte gleich hohe und verschieden hohe Fangvorrichtungen ermitteln.

4. Eine leitende Fläche als Fangvorrichtung.

In Abb. 5 ist angenommen, daß eine leitende Dachoberfläche vorhanden ist. Die Spur der Dachfläche ist wie in Abb. 4 mit $O_1 O_2$ bezeichnet. Die Leitfähigkeit kann davon herrühren, daß ein an sich nicht leitendes Dach durch den Regen leitend wird oder das Dach mit Metall bedeckt ist.

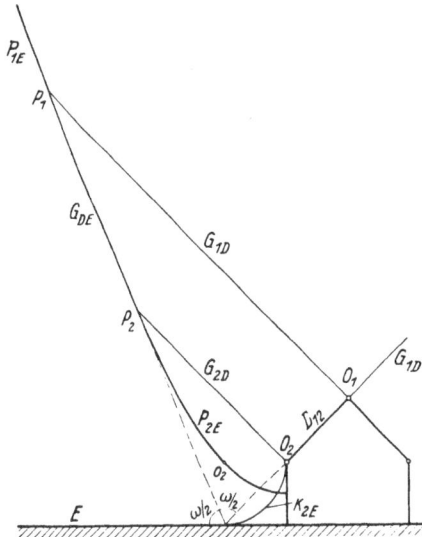

Abb. 5.

Das Einzugsgebiet der Kante O_2 wird in bekannter Weise durch die Grenzparabel P_{2E} begrenzt. Diese Parabel geht im Punkt p_2 in die Grenzgerade G_{DE} über, welche die Halbierende des Winkels ω ist, der gebildet wird durch die Erdoberfläche E und die Verlängerung des Daches D bis zur Erde. Im Punkt p_1 dieser Grenzgeraden setzt sich die Grenzparabel P_{1E} an mit O_1 als Brennpunkt und E als Leitlinie. In O_1 und O_2 errichtet man die Senkrechten auf D und erhält die Grenzgeraden G_{1D}

und G_{2D}; diese gehen ebenfalls durch die Punkte p_1 und p_2. Die Richtigkeit dieser Konstruktion kann man wiederum leicht dadurch prüfen, daß man in mehreren Punkten den Zirkel einsetzt, ihn dann so weit öffnet, bis man auf die zunächst gelegene Einschlagstelle trifft. Ist die Konstruktion richtig, dann muß die eingesetzte Zirkelspitze im Einzugsgebiet dieser Einschlagstelle liegen.

Das Einzugsgebiet des Dachfirstes O_1 wird durch die beiden Grenzgeraden G_{1D} eingeschlossen. Das Einzugsgebiet des Daches ist ein geschlossenes Einzugsgebiet und wird von den Grenzgeraden G_{1D}, G_{2D} und G_{DE} umrandet. Das Einzugsgebiet der Dachkante O_2 ist ebenfalls ein geschlossenes und wird von G_{2D} und P_{2E} umrandet. Man sieht, daß der Dachfirst und die Dachfläche D_{12} am stärksten von Einschlägen bedroht sind.

Der Schutzraum ist sehr leicht zu finden. Er ist begrenzt durch die Spur D_{12} des leitenden Daches selbst und durch den bekannten Kreisbogen K_{2E}.

Man sieht, daß das Gebäude vollkommen im Schutzraum geborgen ist.

Daraus kann man den wichtigen Schluß ziehen, daß ein mit Metall eingedecktes Gebäude wohl vom Blitz getroffen werden kann, daß dieser aber nicht in das Innere des Gebäudes eindringen und demnach auch nicht zünden kann. Diese Erkenntnis wird durch die im geschichtlichen Teil erwähnten praktischen Erfahrungen bestätigt.

Eine Einschränkung ist allerdings zu machen. Wird nämlich die Leitfähigkeit des Daches durch den Regen erzeugt, dann ist es möglich, daß beim Einschlag des Blitzes in das Dach die leitende Regenhaut verdampft und so die Leitfähigkeit des Daches zerstört. Es liegt dann der Fall der Abb. 4 vor, das Dach ist nicht mehr geschützt und es ist nicht ausgeschlossen, daß der einschlagende Blitz nunmehr zündet.

Die Forderung, die man an den Schutz eines Gebäudes stellt, kann man nun, wie folgt, zusammenfassen: Die Fangvorrichtungen müssen so hoch bemessen und in solchen Abständen angeordnet werden, daß das zu schützende Gebäude vollständig innerhalb des von den Fangvorrichtungen gebildeten Schutzraumes liegt.

Wie im vorigen Abschnitt gezeigt worden ist, wird der Schutzraum durch Kreisbögen begrenzt. Diejenigen Kreisbögen, die, beginnend bei der Fangvorrichtung, bis zur Erde reichen, also Kreisbögen nach Art von K_{OE}; K_{1E} ... sollen im folgenden kurz »angeschriebene« Kreisbögen und diejenigen, welche zwischen zwei Fangvorrichtungen verlaufen nach Art der Kreisbögen K_{12} ..., kurz »eingeschriebene« Kreisbögen genannt werden.

Das zu schützende Gebäude muß also innerhalb eines Raumes liegen, der von den an- und eingeschriebenen Kreisbögen der Fangvorrichtungen begrenzt wird[1]). Außerdem haben wir gesehen, daß jede geerdete Metallfläche einen Schutzraum erzeugt, der durch die Metallfläche selbst begrenzt wird.

Es sollen nun die praktischen Regeln für die Errichtung von Blitzableitern mit Hilfe von Fangdrähten und Fangstangen ermittelt werden.

III. Ableitung der Regeln für den Blitzableiterbau.

1. Regeln für die Errichtung von Fangleitungen.

Grundsätzlich gibt es, wie schon öfters erwähnt worden ist, zwei Möglichkeiten für den Schutz eines Gebäudes, nämlich die Anwendung von Fangleitungen (Fangdrähte) und die Anwendung von Fangstangen. Wie nicht anders zu erwarten ist, sind die zu befolgenden Regeln für diese beiden Ausführungen ganz verschieden. Im folgenden sollen zunächst die Regeln ermittelt werden, die bei der Errichtung von Fangleitungen zu beachten sind.

In Abb. 6a und 6b ist ein Haus dargestellt; auf seinem Dach sind mehrere unter sich gleich hohe Fangleitungen O_1, O_2 ... angeordnet, und zwar in der Ausführungsform als »Längs-

---

[1]) DRP. a.

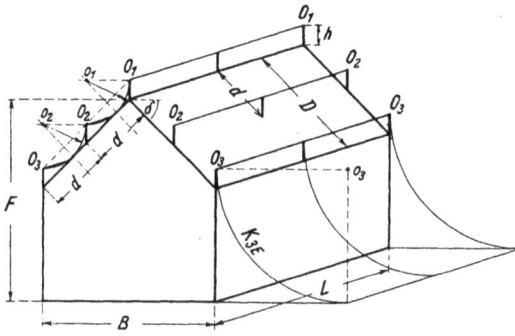

Abb. 6 a.

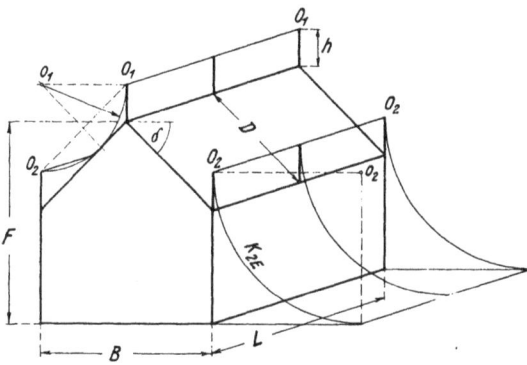

Abb. 6 b.

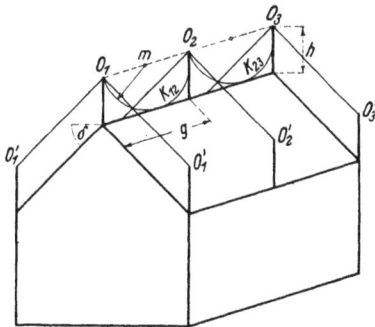

Abb. 7.

fangleitungen«, d. h. als Fangdrähte, die parallel zum First
des Hauses verlaufen. Abb. 7 zeigt eine Ausführungsform von
Fangleitungen, die quer zum First gespannt sind und deshalb
»Querfangleitungen« genannt werden sollen. Dies sind die
zwei Möglichkeiten der Anordnung von Fangleitungen. Natürlich kann man beide auch gleichzeitig anwenden, so daß ein
ganzes Netz von Fangleitungen mit rechteckigen Maschen über
dem Dach entsteht. Die Stangen, welche die Fangleitungen
tragen, können aus Metall oder aus Holz sein.

A. Anordnung von Längsfangleitungen.

Hierbei hat man wiederum zu unterscheiden, ob man
a) mehrere Längsfangleitungen anwenden will, sowie in
Abb. 6a und 6b dargestellt ist oder ob man b) nur eine einzige Längsfangleitung über dem First spannen will.

a) Anordnung von mehreren Längsfangleitungen gleicher Höhe.

Die Dachlänge vom First bis zur Traufkante sei mit D
bezeichnet; in gleichen Abständen d, gemessen auf der Haut
des Daches, seien die Tragstangen der Fangleitungen aufgestellt.

Wenn man die Aufgabe, die Höhe h der Fangvorrichtung
zu bestimmen, durch Probieren lösen will, geht man am besten
so vor, daß man die Zahl der Fangdrähte annimmt, wodurch
der Abstand d gegeben ist. Dann sucht man in bekannter Weise
die Mittelpunkte o_1, o_2 ... für die eingeschriebenen Kreisbögen
auf. Diejenige Höhe h ist dann die kleinste, die mindestens
eingehalten werden muß, für welche die eingeschriebenen Kreise
die Oberfläche des Daches gerade berühren. Wie man sich
leicht überzeugen kann, kommt man dabei zu dem Ergebnis,
daß h um so kleiner wird, je mehr Fangleitungen man anordnet.

Es ist aber auch sehr einfach, die Höhe h zu berechnen.
Zu diesem Zweck ist in Abb. 8 ein Teil des Daches nochmals
herausgezeichnet. O_1 und O_2 bedeuten die Querschnitte der
Fangleitungen. Die Höhe h sei so gewählt, daß der um o_1
als Mittelpunkt gezeichnete Kreisbogen K_{12} mit dem Radius r
die Dachfläche gerade berührt; der Berührungspunkt ist mit B

bezeichnet. Durch die Punkte O_1 und O_2 ist die Verbindungslinie gelegt, welche natürlich die Länge d hat. Diese wird durch die Verbindungslinie Bo_1 im Punkt A halbiert. Der Neigungswinkel des Daches gegen die Waagerechte ist mit δ bezeichnet.

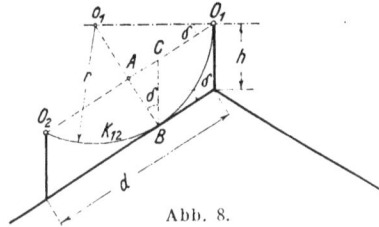

Abb. 8.

Aus der Zeichnung kann man leicht folgende Beziehungen ablesen

$$r = o_1 O_1 = o_1 A + A B;$$

nun ist

$$o_1 A = r \cdot \sin \delta; \quad A B = B C \cdot \cos \delta = h \cdot \cos \delta;$$

also wird

$$r = r \cdot \sin \delta + h \cdot \cos \delta;$$

r kann man aus der Beziehung berechnen

$$\cos \delta = \frac{O_1 A}{O_1 o} = \frac{0,5 \cdot d}{r};$$

dies eingesetzt und die Gleichung vereinfacht ergibt

$$\frac{h}{d} = \frac{0,5}{1 + \sin \delta} \quad \cdot \quad \cdot \quad \cdot \quad \cdot \quad \cdot \quad (1a)\ (1)$$

Man sieht, daß es nicht auf die Absolutwerte von h und d, sondern auf ihr Verhältnis ankommt und dieses ist nur von der Dachneigung δ abhängig. In der Zahlentafel I unter α) und der dazugehörigen Kurventafel Ia (dick gezeichnete Kurve) ist dieses Verhältnis abhängig von δ dargestellt.

Der Dachneigungswinkel δ ist gegeben; aus diesen Tafeln kann man dann sofort angeben, wie groß das Verhältnis $h:d$ mindestens sein muß, wenn der Schutz ein vollkommener sein soll. Der Abstand d ist gegeben durch die Dachlänge D (Abb. 6a) und durch die gewählte Zahl von parallelen Fangdrähten. Also ist in Gl. (1) nur mehr h unbekannt und kann demnach aus den gegebenen Größen berechnet werden zu

$$h = d \cdot \frac{0,5}{1 + \sin \delta} \quad \cdots \cdots \cdots \quad (1')$$

Man findet durch diese Gleichung bestätigt, daß h um so kleiner wird, je kleiner man d wählt und je größer sin δ ist. Unter sonst gleichen Verhältnissen verlangen demnach Dächer mit schwacher Neigung die größeren Höhen der Fangvorrichtung. Für die Grenzwerte $\delta = 0$ und $\delta = 90^0$ erhält man die Höhen

$$h_{\max} = 0,5 \cdot d; \quad h_{\min} = 0,25 \cdot d.$$

Zu den Anordnungen von mehreren Längsfangdrähten gehört auch der Fall, daß nur drei Fangdrähte gespannt werden, und zwar 1 Längsfangleitung über dem First und je 1 Längsfangleitung an den beiden Traufkanten (Abb. 6b). In diesem Fall hat man für den Abstand d den Wert D, nämlich die ganze Dachlänge vom First bis zur Traufkante, einzusetzen.

Bei der Anordnung von 3 Längsfangleitungen kann man, wie bisher angenommen worden ist, die 3 Längsfangleitungen gleich hoch machen. Bezeichnet man die Höhe der Firstleitung mit h_1 und die Höhe der beiden Traufkantenleitungen mit h_2, dann ist bei gleich hohen Fangleitungen das Verhältnis $h_1 : h_2 = 1$.

Man kann aber auch die Höhe h_1 der Firstleitung größer machen als die Höhe h_2 der Traufkantenleitung, beispielsweise $h_1 : h_2 = 2, 3, \ldots$ Auch für diesen Fall kann man das Verhältnis der Höhe h_1 der Firstleitung zur Länge des Daches D ermitteln. Man erhält die Gleichung

$$\frac{h_1 - h_2}{D} = \sqrt{2 \frac{h_1}{D} (1 + \sin \delta) - \cos^2 \delta} - \sin \delta \quad . . \quad (1b)$$

Bei kleinen Winkeln δ ergibt auch die graphische Methode genaue Werte und führt rasch zum Ziel.

Das Ergebnis dieser Berechnung ist in der Zahlentafel I unter β) und in der Kurventafel Ia für verschiedene Höhenverhältnisse der Fangvorrichtungen zusammengestellt.

Will man also das Verhältnis $h_1 : h_2 = 2$ wählen, d. h. die Firstleitung doppelt so hoch machen wie die Traufkantenleitungen, so findet man aus der Tafel beispielsweise für eine Dachneigung von 40⁰ das Verhältnis $h_1 : D = 0,39$. Da die Größe D gegeben ist, kann man h_1 berechnen. Damit ist auch h_2 bekannt, das gleich der Hälfte von h_1 wird.

Aus dem Verlauf der Kurven erkennt man, daß das Verhältnis $h_1 : D$ um so größer wird, je flacher das Dach ist und je größer man den Unterschied in den Höhen der Fangleitungen macht.

b) Anordnung einer einzigen Fangleitung über dem First.

Ein Sonderfall der Ausführungsform von Längsfangdrähten ist die Anwendung eines einzigen Fangdrahtes über dem First; es ist dies die Ausführungsform von Blitzableitern, die man heute vielfach anwendet. Dabei ist die Fangleitung meist nur wenige Dezimeter über dem First gespannt.

Natürlich kann man auch hier die Höhe h der Fangleitung über dem First durch Probieren finden. Man hat dabei darauf zu achten, daß der Schutzraum in diesem Fall durch angeschriebene Kreisbogen gebildet wird, in welchen das ganze Dach liegen muß.

Auch für diesen Fall kann man die Höhe h der Fangvorrichtung berechnen. Dabei geht man am besten so vor: Man nimmt eine Fangleitung O in beliebiger Höhe H über dem Boden an und zeichnet hierzu in bekannter Weise durch die Punkte o die angeschriebenen Kreisbogen K_{OE}. Nun konstruiert man in diesen Schutzraum ein Dach hinein. Dabei ergeben sich zwei voneinander verschiedene Fälle.

Erster Fall. Die Spur der eingezeichneten Dachfläche bildet eine Tangente an den angeschriebenen Kreisbogen K_{OE}. Dieser Fall ist in Abb. 9 dargestellt. Der Tangentenpunkt ist mit T und die Länge der Dachfläche vom First bis zu diesem Tangentenpunkt mit D_T bezeichnet. Damit ist auch der First O' des Hauses bestimmt und demnach auch die Höhe h der Fangvorrichtung und die Höhe F des Firstes über dem Boden.

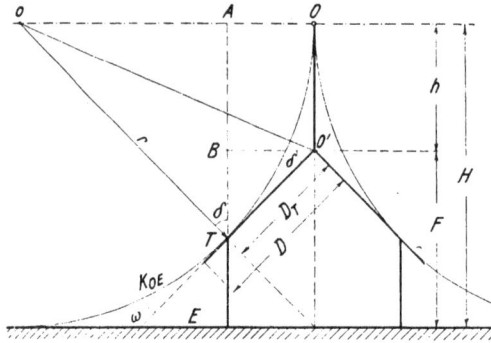

Abb. 9.

Verbindet man die Punkte O; O' und T mit dem Kreis-
mittelpunkt o, so erhält man die beiden kongruenten Dreiecke
oOO' und $oO'T$. Es ist deshalb

$$h = D_T \qquad \ldots \ldots \ldots \quad (2)$$

und zwar gleichgültig, wie weit die Dachfläche über dem Tangentenpunkt T nach unten noch hinausragt.

Es ist nun die Frage, unter welchen Umständen dieser
Fall auftritt. Offenbar hängt dies nur von den Abmessungen
des Hauses ab. Dies soll im folgenden gezeigt werden.

Im Punkt T wird die Senkrechte auf E errichtet; diese
schneidet die Strecke oO im Punkt A und bildet mit der Strecke
oT den Winkel δ auf Grund eines bekannten Satzes der Geometrie. Nun bestehen die Beziehungen

$$oA = r \cdot \sin \delta;$$
$$OA = O'B = D_T \cdot \cos \delta;$$
$$oO = r = h + F;$$

es ist aber

$$r = Oo = OA + Ao.$$

Setzt man die obigen Beziehungen in diese Gleichung ein, so
erhält man nach einigen Umformungen

$$\frac{D_T}{F} = \frac{1 - \sin \delta}{\sin \delta + \cos \delta - 1} \qquad \ldots \ldots \quad (3)$$

Wenn man diese Gleichung benützen will, muß man so vorgehen. Die Dachneigung δ ist gegeben. Aus der folgenden Zahlentafel entnimmt man das zu diesem Winkel δ gehörige Verhältnis $D_T:F$.

Zahlentafel A.

$\delta =$	10^0	20^0	30^0	40^0	50^0	60^0	70^0	80^0
$D_T:F =$	4,88	2,33	1,37	0,87	0,57	0,37	0,21	0,09

Da die Firsthöhe F des Hauses bekannt ist, kann man D_T berechnen. Aus den Abmessungen des Hauses ist ferner die Dachlänge D bekannt. Man sieht nach, ob D gleich groß oder größer als D_T ist. In beiden Fällen macht man die Höhe h der Fangleitung gleich dem Wert D_T; also

$$\text{für } D_T < D \text{ wird } h = D_T.$$

Im folgenden wird noch eine Zahlentafel und eine Kurventafel aufgestellt, in denen auch dieser Fall des tangierenden Daches enthalten ist, so daß man nicht zu untersuchen braucht, ob das Dach den angeschriebenen Kreisbogen tangiert oder nicht.

Zweiter Fall. Die Spur des Daches vom First bis zur Traufkante ist keine Tangente an den eingeschriebenen Kreisbogen K_{OE}. Hier findet man leicht die Beziehungen (Abb. 10)

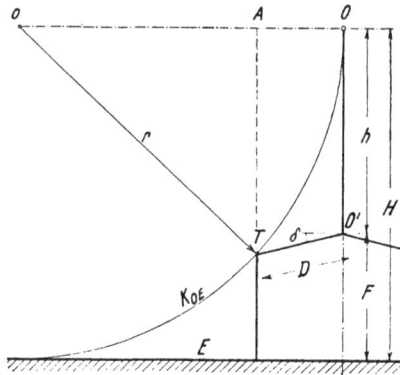

Abb. 10.

$$A T = h + D \cdot \sin \delta; \; o A = r - D \cdot \cos \delta;$$
$$r = h + F;$$

nun ist

$$(o\,T)^2 = (A\,T)^2 + (o\,A)^2.$$

Setzt man die obigen Beziehungen in diese Gleichung ein, so erhält man nach Ordnen derselben

$$\left(\frac{h}{D}\right)^2 + \frac{2\,h}{D}\,(\sin\delta - \cos\delta) = 2\,\frac{F}{D}\,\cos\delta - 1 \quad . \; . \quad (4)$$

Auch hier kommen nur Verhältnisse von Größen vor, so daß man wiederum eine Zahlentafel und eine Kurventafel aufstellen kann, in denen das Verhältnis $h:D$ abhängig vom Neigungswinkel des Daches für verschiedene Werte von $D:F$ dargestellt ist, und zwar gültig für die beiden eben betrachteten Fälle (Zahlentafel I unter γ und Kurventafel I b).

Man macht heute meist das Verhältnis der Höhe h der einzigen, über dem First verlegten Fangleitung zur Länge D des Daches für Neigungswinkel $\delta > 45^0$ fast gleich Null, indem man den Fangdraht hart über dem First verlegt. Man fragt sich auch hier wiederum, wie es zu erklären ist, daß gerade bei Dächern mit den Neigungswinkeln $\delta > 45^0$ die Höhe des Fangdrahtes über dem First gleich Null sein soll. Jedenfalls bieten die Gesetze über den Blitz, soweit sie bis heute bekannt sind, keinerlei Handhabe, daß für den Blitz solche Dächer irgendeine Grenze hinsichtlich der Einschlagstelle darstellen sollen.

Offenbar ist das durch die Kurven der Tafel I b zum Ausdruck kommende Gesetz verständlicher, nämlich daß die Höhe h der Fangleitung über First bei gleichem Wert von D um so größer sein muß, erstens je flacher das Dach ist und zweitens je größer die Firsthöhe F, d. h. je höher das Gebäude ist.

In den Beispielen des folgenden Abschnittes d wird für einen bestimmten Fall berechnet, daß die Fangleitung auf dem First über 11 m hoch verlegt werden müßte, wenn durch sie allein das betreffende Haus geschützt sein soll. Man erkennt daraus zweierlei; einmal, daß die jetzt übliche Anordnung des Fangdrahtes auf dem First keinen vollkommenen Schutz gewährt, da die Fangleitungen viel zu niedrig verlegt sind und ferner, daß die Anwendung einer einzigen Fangleitung auf dem First zu unmöglichen Anordnungen führt.

In die Kurventafel I b ist auch die Kurve für $h_1 : h_2 = 1$ der Kurventafel I a eingezeichnet (dick ausgezogene Kurve, mit h/d bezeichnet). Man sieht aus der der Lage dieser Kurve zu den übrigen, daß diese Anordnung zu wesentlich günstigeren Ergebnissen führt, und zwar ganz besonders bei Dächern mit schwacher Neigung und großen Werten von $D:F$. Erst von einem Winkel δ ab, der größer als etwa 70^0 ist, also für sehr steil abfallende Dächer, wird die Anordnung einer einzigen Fangleitung über dem First günstiger.

Nun sind aber Dächer mit so großen Neigungswinkeln in Wirklichkeit sehr selten. Nach der »Hütte« betragen die Dachneigungen gewöhnlich

Spließdach	1:1	bis	1:1,5	$(45^0$ bis	$33^0)$
Doppeldach	1:1,5	»	1:2,5	$(33^0$ »	$20^0)$
Kronen- oder Ritterdach	1:1,5	»	1:2,5	$(33^0$ »	$20^0)$
Falzziegeldach	1:1,5	»	1:3	$(33^0$ »	$18^0)$
englisches Schieferdach	1:1,5	»	1:2,5	$(33^0$ »	$20^0)$
deutsches Schieferdach	1:1	»	1:1,5	$(45^0$ »	$33^0)$
Metalldächer	1:5	»	1:7,5	$(18^0$ »	$10^0)$
Teerpappdach	1:5	»	1:7,5	$(18^0$ »	$10^0)$
Holzzementdach	1:18	»	1:20	(etwa	$3^0)$

Aus dieser Zusammenstellung erkennt man, daß steilere Dächer mit Neigungen über 45^0 selten sind, während die flachen Neigungen mit Neigungswinkeln unter 45^0 häufiger vorkommen.

Nimmt man nun an, daß das Verhältnis $D:F$ in der Regel kleiner als 1 ist, also etwa 0,6 bis 0,8, dann findet man, daß in diesen Fällen die Höhe h einer einzigen Fangvorrichtung über dem First mindestens ebenso groß, ja sogar größer als die ganze Firsthöhe des Hauses wird. Für ein Haus mit 10 m Firsthöhe müßte also die Fangleitung über dem First ebenfalls in der Höhe von mindestens 10 m verlegt werden.

Daraus ergibt sich, wie schon erwähnt, daß Firstleitungen, die nur in geringer Höhe über dem First des Hauses verlegt sind, wie es heute sehr häufig geschieht, nach der hier vertretenen Theorie keinen vollkommenen Schutz gewähren können. Sie mögen wohl eine Reihe von Blitzschlägen auffangen; aber gegen Blitze, deren Entscheidung hinsichtlich der Einschlag-

52

stelle erst in geringer Höhe über der Erde fällt, vermögen sie das Haus nicht zu schützen.

Damit ist erklärt, daß in vielen Fällen der Blitz den Weg über den Blitzableiter, der knapp über dem First gespannt ist, verschmäht und daneben einschlägt.

Ordnet man nun 3 Fangleitungen gleicher Höhe an, 1 über dem First des Hauses und je 1 an den Traufkanten, so ergibt sich selbst bei ganz flachen Dächern die Höhe der Fangdrähte höchstens zu $h = 0,5 \cdot D$. Für Dächer mit Neigungen von 30^0 bis 50^0 wird die Höhe h nur etwa gleich 30% der Firsthöhe.

Das Ergebnis dieser Untersuchungen ist demnach, daß es nicht möglich ist, Gebäude mit den üblichen Dachformen durch einen einzigen Fangdraht vollkommen zu schützen.

c) Schutz der Frontseiten (Giebelseiten).

Die Längsfangdrähte schützen bei Befolgung der abgeleiteten Gesetze die Dachflächen und die Längsseiten des ganzen Hauses. Es ist noch zu untersuchen, wie die vordere und hintere Giebelseite des Hauses geschützt werden kann.

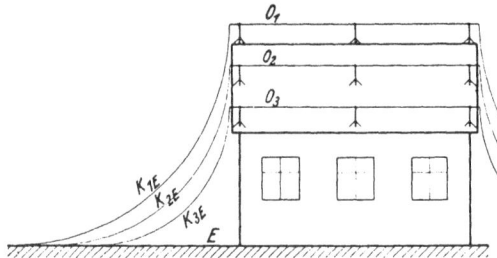

Abb. 11.

Diese Frage ist leicht zu beantworten. Man muß die Enden der Längsfangdrähte mindestens bis zu den Giebelkanten führen; noch besser ist es, sie etwas darüber hinausragen zu lassen. In Abb. 11 ist dies für ein Haus mit 5 Längsfangdrähten dargestellt.

Die durch die Enden der Längsfangleitungen erzeugten angeschriebenen Kreisbögen K_{1E}, K_{2E} und K_{3E} sind eingezeichnet. Der dadurch gebildete Schutzraum genügt jedoch noch nicht für den Schutz der Giebelfronten. Man muß entweder noch die Giebelkanten mit Metall belagen, das mit den Fangleitungen leitend verbunden ist.

Man kann aber auch die Längsfangleitungen an ihren Enden durch eine Querfangleitung verbinden. Natürlich wird man auch die Dachrinnen mit den Fangdrähten leitend verbinden. Man sieht also, daß der Schutz der Giebelseiten keine Schwierigkeiten bereitet.

Hinsichtlich der Verbindung der Fangdrähte mit der Erdung wird auf die Vorschriften und Anweisungen des Buches »Blitzschutz« verwiesen.

d) Beispiele.

Das Haus in Abb. 6a und 6b möge folgende Abmessungen besitzen: Breite der Giebelseite $B = 14$ m; Höhe bis zum First $F = 16$ m; Neigungswinkel des Daches $\delta = 45^0$; Länge der Dachseite vom First bis zur Traufkante $D = 10$ m.

Es soll die Höhe h der Fangleitungen für verschiedene Ausführungsformen berechnet werden.

Anordnung 1. Über dem First 1 Fangleitung. Man hat zu bilden

$$D:F = 10:16 = 0{,}625;$$

hierfür findet man aus Tafel I bei $\delta = 45^0$ bzw. aus der Kurventafel I b

$$h:D = 1{,}12.$$

Man sieht aus der Zahlentafel S. 49, daß dieses Dach tangential an den Schutzkreis K_{OE} anläuft. Es ergibt sich als Mindestwert für h

$$h = 1{,}12 \cdot D \text{ oder } 0{,}7 \cdot F = 11{,}2 \text{ m.}$$

Man müßte also in diesem Fall auf dem First Tragstangen von mindestens 11,2 m Höhe errichten und darauf die Fangleitung spannen.

Anordnung 2. Es sollen 3 Längsfangleitungen verlegt werden, eine über dem First und je eine an den Traufkanten. Die 3 Fangleitungen besitzen dieselbe Höhe h (Abb. 6b).

Hierfür wird $d = D = 10$ m. Mit Hilfe der Tafel I bzw. der Kurventafel I a findet man

$$h = 0{,}29 \cdot 10 = 2{,}9 \text{ m}.$$

Die Gesamtlänge der Fangdrähte ist $3 \times 20 = 60$ m.

Anordnung 3. Es sollen 5 Längsfangleitungen verlegt werden, eine über dem First je eine an der Traufkante und je eine dazwischen (Abb. 6a).

Hierfür wird $d = 0{,}5 \cdot D = 5$ m. Für das Verhältnis $h:d$ gilt der gleiche Wert 0,29; also wird

$$h = 0{,}29 \cdot 5 = 1{,}45 \text{ m}.$$

Man sieht, daß diese Höhe genau der Hälfte derjenigen von Anordnung 2 ist. Die Höhe h nimmt eben proportional mit dem Abstand zu bzw. ab. Die Gesamtlänge der Fangdrähte ergibt sich in diesem Fall zu 100 m.

Anordnung 4. Es sollen 3 Längsfangleitungen verlegt werden, und zwar die Firstleitung doppelt so hoch wie die Traufkantenleitungen. Nach Tafel I wird für $\delta = 45^0$ das Verhältnis $h_1 : D = 0{,}38$; also $h_1 = 3{,}8$ m; demnach $h_2 = 1{,}9$ m.

B. Anordnung von Querfangleitungen.

a) Anordnung von mehreren Querfangleitungen.

Die für den Einschlag gefährlichste Stelle des Hauses ist der First. Nun ist aus den früheren Darlegungen bekannt, daß 2 Fangvorrichtungen O_1 und O_2 einen Schutzraum bilden, dessen Begrenzung durch einen Kreisbogen gegeben ist mit dem Radius $mO_1 = mO_2$ und dem Mittelpunkt m (Abb. 3). Rückt man die Fangvorrichtungen immer weiter auseinander, dann wird der Radius dieses eingeschriebenen Kreises K_{12} immer größer und der Kreisbogen berührt schließlich die Erde E bzw. im vorliegenden Fall die Firstkante des Hauses (Abb. 7). Das ist der größte Abstand g, bis zu dem man die Fangvorrichtungen auseinander rücken darf; denn sonst ragt der First des Hauses über die Schutzraumbegrenzung hinaus. Offenbar ist für diesen Fall $h = 0{,}5\, g$, wobei g durch die gewählte Zahl der Querfangleitungen und durch die Länge des Dachfirstes gegeben ist.

Wenn auch die Firstkante der am meisten gefährdete Teil
des Hauses ist, so muß doch noch geprüft werden, ob damit auch der übrige Teil des Daches geschützt wird.

Der senkrechte Abstand h' des Fangdrahtes von der Dachfläche ist

$$h' = h : \cos \delta.$$

Der Abstand g der Querfangleitungen darf nicht größer
als $2\,h'$ sein. Nun ist aber $h' \cos \delta$ kleiner als h, d. h. als
die Höhe h des Firstschutzes allein. Beim Schutz des Firstes
allein ist demnach die Dachfläche nicht geschützt. Der Schutz
durch Querfangleitungen hat also mit Rücksicht auf die
Dachfläche zu erfolgen; damit ist dann auch der First geschützt. Hat man sich für die Zahl der Fangdrähte und damit für den Abstand g entschieden, dann hat man die Höhe
h' aus der Gleichung zu bestimmen

$$h' = \frac{0{,}5\,g}{\cos \delta} \qquad \ldots \ldots \ldots \quad (5)$$

Um die vordere und hintere Giebelwand des Hauses zu
schützen, müssen die beiden äußersten Querfangleitungen
möglichst nahe an der Giebelkante aufgestellt werden. Die
Enden der Querfangleitungen kann man durch eine über der
Traufkante verlaufende Längsfangleitung verbinden.

b) Anordnung einer einzigen Querfangleitung.

Eine Querfangleitung auf der Mitte des Daches hat nur
Sinn, wenn man mit einer einzigen, für den Firstschutz allein
berechneten Fangstange nicht zugleich das ganze Haus voll
schützen kann. Dann berechnet man noch die Höhe einer
Stange auf der Mitte der Traufkante und verbindet die First-
stange und die Traufkantenstange durch eine Querfangleitung.

c) Beispiele.

Für das Haus mit denselben Abmessungen wie vorher
soll die Anordnung von Querfangleitungen berechnet werden.

Anordnung 1. Auf der Mitte des Daches soll 1 Querfangleitung gespannt werden.

Für D hat man $g = 0{,}5 \cdot L$, im vorliegenden Fall also 10 m
zu setzen. Dann ist $D:F = 10:16 = 0{,}625$. Für $\delta = 0$ findet

man hierfür in Tafel I unter γ den Zwischenwert für $h:D = 2,75$; also wird

$$h = 10 \cdot 2,75 = 27,5 \text{ m.}$$

Man findet, daß damit auch die unteren Dachecken geschützt sind; also ist hier die Querfangleitung nicht nötig. Abgesehen davon ist eine so hohe Stange kaum ausführbar.

Anordnung 2. Je 1 Querfangleitung an jeder Giebelseite des Hauses. Hierfür wird $g = 20$ m; nach Gl. (5) wird demnach

$$h' = 14,15 \text{ m.}$$

Auch dies ist kaum ausführbar.

Anordnung 3. Je 1 Querfangleitung an den Giebelfronten und 1 Querfangleitung auf der Mitte des Daches.

Hierfür ist $g = 10$ m; nach Gl. (5) wird $h' = 7,07$ m.

Anordnung 4. Je 1 Querfangleitung an den Giebelfronten und 2 weitere Querfangleitungen in gleichen Abständen längs des Firstes verteilt.

Hierfür wird $h' = 4,7$ m.

Aus diesen Beispielen sieht man, daß die Anordnung von Querfangleitungen bei diesem Haus ungünstiger als die Anordnung von Längsfangleitungen ist. Bei geringen Längen L von Dächern kann jedoch der Fall umgekehrt liegen, nämlich daß die Querfangleitungen günstiger als die Längsfangleitungen werden.

Man kann übrigens auch hier darandenken, bei der Anordnung von 3 Querfangdrähten den mittleren höher zu verlegen als die beiden äußeren.

2. Regeln für die Errichtung von Fangstangen.

Dies ist der von Franklin eingeführte, also der historische Gebäudeschutz, der auch heute noch vielfach angewendet wird.

a) Anordnung von mehreren Fangstangen.

Um die Frage allgemein zu lösen, sei zunächst angenommen, daß mehrere Fangstangen über das ganze Dach verteilt sind. In Abb. 12 sind 4 Fangstangen aus dieser Schar dargestellt. Dabei ist angenommen, daß die Stangen in gewissen regelmäßigen Abständen und nicht in beliebiger Unordnung aufgestellt werden.

Verbindet man die Fußpunkte der Stangen O_2 und O_3 miteinander, so erhält man die Diagonale s. Legt man ferner durch den First eine zu E parallele Ebene, so schneidet diese die Stange O_3 in der Höhe f über ihren Fußpunkt und die waagrechte

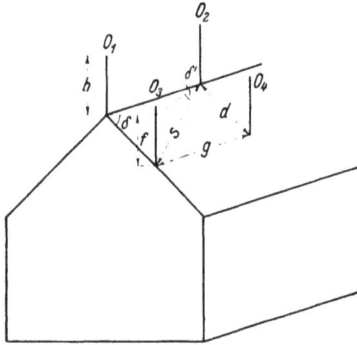

Abb. 12.

Ebene bildet mit der Giebelkante den Winkel δ und mit der Diagonalen s den Winkel δ'.

Welcher Gesichtspunkt ist nun für den Abstand der Fangstangen maßgebend? Offenbar dürfen sie nicht so weit auseinander stehen, daß die eingeschriebenen Kreisbogen in das Dach einschneiden. Hierbei sind aber nicht die Abstände g und d der Stangen maßgebend, sondern der Abstand s, also die Diagonale, da dieser Abstand größer ist als g und d. Dieser Gesichtspunkt ergibt folgende Beziehungen, die man aus der Abb. 12 ablesen kann.

$$s = \sqrt{d^2 + g^2};$$

oder

$$\frac{s}{d} = \sqrt{1 + \left(\frac{g}{d}\right)^2};$$

ferner ist

$$f = s \cdot \sin \delta' = d \cdot \sin \delta$$

die Werte für f und s eingesetzt ergibt

$$\sin \delta' = \frac{\sin \delta}{\sqrt{1 + (g/d)^2}}.$$

Nun kann man sich vorstellen, daß die beiden diagonalen Stangen O_2 und O_3 auf einem Dach mit dem Neigungswinkel δ' in einer Linie parallel zur Giebelkante stehen. Dann kann man nämlich die Gl. (1) anwenden und findet

$$\frac{h}{s} = \frac{0{,}5}{1 + \sin \delta'} \, ;$$

für sind δ' den obigen Wert eingesetzt führt nach Umformung der Gleichung zu dem Ergebnis

$$\frac{h}{d} = \frac{1 + (g/d)^2}{2 \cdot (\sqrt{1 + (g/d)^2} + \sin \delta)} \quad \ldots \ldots \quad (6)$$

Auch in dieser Gleichung kommen nur Verhältnisse von Größen vor, so daß man wiederum Tafeln berechnen kann (Zahlentafel II und Kurventafel II), in welchen das Verhältnis $h:d$ abhängig vom Dachneigungswinkel δ für verschiedene Werte von $g:d$ dargestellt ist.

Stellt man sich vor, daß die Längsfangleitungen durch dicht nebeneinander stehende Stangenreihen ersetzt werden, so daß $g = 0$ wird und die Stangenreihen in den Abständen d verlaufen, so geht die Gl. (6) in die Gl. (1) über. In Tafel II kann deshalb die Kurve $h_1 = h_2$ der Tafel I a eingetragen werden; sie ist in Tafel II mit $g/d = 0$ bezeichnet.

Man sieht, daß sich hierfür die kleinsten Werte für das Verhältnis $h:d$ ergeben. Daraus folgt, daß die Errichtung von Fangstangen unter sonst gleichen Umständen auf alle Fälle zu höheren Werten von h führt als die Anordnung von Fangdrähten. Das ist ein außerordentlich wichtiges Ergebnis. Nur für sehr kleine Werte von $g:d$ können Fangstangen allenfalls Anwendung finden.

b) Anordnung einer einzigen Fangstange.

Diese Anordnung sieht man sehr häufig; in geringer Höhe über dem First sind dann die Verbindungsleitungen zur Erde gelegt. Diese Verbindungsleitungen vermögen zwar die Firstkante selbst vor Einschlägen zu schützen, jedoch ist ihr Schutzbereich hinsichtlich der Dachfläche so gering, daß man von einer nennenswerten Schutzwirkung nicht sprechen kann.

Die Fangstange auf der Mitte des Firstes muß natürlich
so hoch bemessen werden, daß das ganze Dach noch in den
Schutzbereich der Stange fällt.

Am einfachsten auf graphischem Weg, aber auch mit
Hilfe der Tafeln läßt sich die Höhe der Fangstange ermitteln.
Es ergeben sich hierbei Werte, die noch größer sind als bei
der Anwendung einer Querfangleitung. Die Anordnung einer
einzigen Fangstange bei Bauwerken der üblichen Abmessungen
ist demnach praktisch kaum anwendbar, wenn der Schutz ein
vollkommener sein soll.

c) Türme.

Unter den zu schützenden Gebäuden nehmen die Türme,
Schornsteine, kurz Bauten mit sehr großen Höhen aber geringen
Breitenausdehnungen, eine besondere Stellung ein. In Abb. 13
ist ein solcher einzeln stehender Turm mit einer Dachneigung
von 80^0 dargestellt. Offenbar muß die Stangenhöhe auf der
Spitze des Turmes so bemessen werden, daß
der angeschriebene Kreis den ganzen Turm-
helm einschließt. Es liegt hier dieselbe Aufgabe vor, wie beim Schutz eines Hauses mit
einer einzigen Längsfangleitung über dem
First, nur daß hier die Längsfangleitung zu
einer Stange zusammenschrumpft. Deshalb
kann man für die Berechnung der Fangstangenhöhe h auf der Spitze des Turmes
die Tafeln I unter γ anwenden. Dabei
zeigt sich daß für schlanke Türme mit einer
Neigung von 70 bis 80^0 das Verhältnis der
Länge D des Helmes zur Turmhöhe F fast
keine Rolle mehr spielt.

Für einen Turm mit einer Höhe von
$F = 40$ m und einem Neigungswinkel von 80^0
des Helmes erhält man für $D = 8$ m die Höhe h der Fangstange zu 4 m und auch für $D = 16$ m erhält man die Höhe
zu 4 m.

Abb. 13.

Man sieht, daß dies Werte sind, welche praktisch leicht
ausführbar sind. Türme sind also sehr leicht zu schützen und

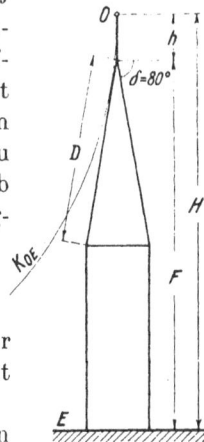

sie stellen das eigentliche Anwendungsgebiet für eine einzelne Fangstange dar.

Manche Türme sind mit einem Satteldach versehen. Diese behandelt man natürlich wie Hausdächer. Wegen der meist geringen Länge des Firstes hat man hier die freie Wahl zwischen der Anwendung von Fangstangen oder einer Fangleitung.

Bei den Gebäuden und Leitungsanlagen mit ihren mäßigen Höhen ist angenommen worden, daß der Blitz stets genügend Spannung besitzt, um auch die Schlagweiten von Oo, die gleich der Gebäude- bzw. Masthöhen sind, zu überbrücken.

Bei sehr hohen Türmen könnte der Fall eintreten, daß die Blitzspannung nicht ausreicht, um die Schlagweiten von Oo m, die gleich den Turmhöhen sind, zu überbrücken. In solchen Fällen kann man nicht mehr mit dem Kreisbogen K_{OF} als Begrenzung des Schutzraumes rechnen; der Schutzbereich ist in diesem Fall kleiner. Inwieweit diese Überlegung richtig ist, kann natürlich nur die Beobachtung in der Natur entscheiden, und zwar müßten hier Einschläge in die Erde gefunden werden, die näher beim Fuß des Turmes liegen als Oo m. Dahingehende Beobachtungen sind dem Verfasser jedoch nicht bekannt.

d) Beispiele.

Es soll das gleiche Haus wie bei den früheren Beispielen mit Fangstangen geschützt werden.

Anordnung 1. Auf der Mitte des Firstes soll 1 Fangstange errichtet werden. Wie bei einer Querfangleitung auf der Mitte des Firstes wird hier für die Anordnung einer einzigen Fangstange nach Tafel I ihre Höhe gleich 27,5 m; dies ist natürlich eine unmögliche Ausführungsform.

Anordnung 2. Auf dem First des Hauses wird eine Stangenreihe aufgestellt. In diesem Fall müssen die Stangen ebenso hoch gemacht werden, wie die Höhe einer einzigen Längsfangleitung auf dem First, also gleich 11,2 m. Ihr Abstand voneinander könnte $g = 22,4$ m betragen. Da aber das Dach nur 20 m lang ist, müßte je 1 Stange an den beiden Giebelkanten aufgestellt werden. Nebenbei sei bemerkt, daß es falsch wäre, die Stangen deshalb niedriger zu machen, weil sie etwas näher beisammenstehen als notwendig ist. Ihre Höhe ist ja

auch durch die Länge des Daches vom First bis zur Traufkante
bestimmt. Würde man auf dem First 3 Fangstangen aufstellen,
so dürften die beiden äußersten Stangen aus dem gleichen Grund
nicht niedriger bemessen werden als 11,2 m. Man sieht häufig
bei Häusern mehrere Fangstangen auf dem First angeordnet,
wobei die mittlere Stange höher ist als die äußeren; dies ist
nicht richtig, wie eben gezeigt worden ist.

Anordnung 3. Auf dem First und längs der Traufkanten
wird je 1 Stangenreihe angeordnet; dabei sollen 5 Stangen in
jeder Reihe stehen, darunter je 1 an den Giebelfronten. Dann
wird $g = 20:4 = 5$ m; da $d = D = 10$ m ist, wird $g:D = 0,5$.
Für $\delta = 45^0$ wird dann nach Tafel II das Verhältnis $h:D = 0,34$.
Danach ergibt sich für die Höhen der Fangstangen $h = 0,34 \cdot 10 = 3,4$ m. Im ganzen sind dabei 15 Stangen notwendig.
Würde man 7 Stangen in jeder Reihe aufstellen, dann wären
21 Stangen von je 3,1 m Höhe notwendig. Die Vermehrung
von 15 Stangen auf 21 Stangen, also um 40%, verringert die
Höhe der Stangen nur um rd. 9%.

Man könnte auch bei dieser Anordnung wie bei den 3 Längsfangleitungen die Stangenreihe auf dem First höher ausführen
als die beiden Stangenreihen bei den Traufkanten. Auf die Ermittlung der hier zu beachtenden Regeln kann aber verzichtet
werden; denn es ist sicher, daß die Stangenreihe auf dem First
noch höher werden müßte als bei der Anordnung gleich hoher
Fangstangen, was erst recht zu unmöglichen Ausführungsformen führt.

Sonderfall. Eine Sonderstellung unter den Gebäuden
nehmen die Häuser mit Zeltdächern oder Walmdächern
ein. Hier muß man zum Blitzschutz Fangstangen und Fangleitungen zugleich anwenden. Unter einem Zeltdach versteht
man ein Dach mit der Form einer Pyramide. Beim Walmdach
fallen die Dachflächen ebenfalls nach 4 Seiten ab; oben laufen
sie aber nicht in eine Spitze, sondern zu einem kurzen First
zusammen.

Der Schutz dieser Dächer muß in folgender Weise durchgeführt werden. Auf der Spitze des Zeltdaches wird eine Fangstange angeordnet. Beschränkt man sich auf die Anordnung
nur einer weiteren Fangvorrichtung an den Traufkanten, so

verlegt man dort eine Fangleitung rings um das Gebäude. Die Höhen h_1 der Fangstange und h_2 der Fangleitung wird nach Zahlentafel I bestimmt für ein gewünschtes Verhältnis $h_1 : h_2$. Für die Dachneigung hat man jedoch die Neigung der Pyramidenkante und für D die Länge der Pyramidenkante einzusetzen, also nicht die Neigung und Länge der Dachfläche selbst. In ähnlicher Weise geht man beim Walmdach vor. Man kann dabei auf den beiden Firstkanten je eine Fangstange aufsetzen oder eine kurze Fangleitung ziehen.

Die hier für den Gebäudeschutz abgeleiteten Regeln gelten in gleicher Weise auch für den Schutz von Leitungsanlagen. Wegen der großen Längsausdehnung kommt hier aber nur der Schutz durch Längsfangdrähte zur Anwendung, und zwar mit Hilfe der sog. Blitzseile oder Erdseile.

Bei der Ermittlung der Zahl und Höhe der Fangleitungen geht man hier am besten so vor, daß man eine Fläche in der Weise auf die Leitungsanlage breitet, daß nur die Phasenseile auf dieser Fläche liegen. Der Querschnitt dieser Fläche gleicht dann dem Querschnitt einer Dachfläche, die entweder in einer Firstkante oder in Form eines flachen Daches endigt mit steil abfallenden Seitenteilen. Dann wendet man die Formeln des Gebäudeschutzes für diese Dachflächen an. In einem der folgenden Abschnitte sind einige Beispiele für den Schutz von Freileitungen durchgerechnet.

Auch bisher sind die Freileitungen schon mit Erdseilen versehen worden. Dabei hat man aber andere Zwecke verfolgt, nämlich die Phasenseile gegen die hohen influenzierten Spannungen bei fernen Blitzschlägen zu schützen. Diese Schutzwirkung kann man berechnen und messen. Es ergibt sich dabei das Gesetz, daß die Schutzwirkung um so besser ist, je näher die Erdseile bei den Phasenseilen liegen. Aus diesem Grunde wurden die Erdseile in möglichst kleinen Abständen über den Phasenseilen verlegt.

Heute ist man der Ansicht, daß die Gefährdung der Leitungen durch influenzierte Spannungen nicht so groß ist als man früher angenommen hat, daß vielmehr die unmittelbaren Einschläge in die Leitungsanlagen am gefährlichsten sind. Man hat aber auch erkannt, daß die Anordnung der Erdseile mit Rücksicht auf die influenzierten Spannungen nicht zugleich auch die Anlagen gegen die unmittelbaren Einschläge in vollkommener Weise schützen kann. Nur war man bisher der Meinung, daß man die Schutzwirkung gegen die unmittelbaren Einschläge rechnerisch nicht erfassen könne[1]). Mit Anwendung der hier abgeleiteten Regeln für die Bemessung der Blitzschutzanlagen ist demnach der Vorteil und Fortschritt verknüpft, daß man nunmehr auch Unterlagen für die Bemessung der Fangvorrichtungen gegen unmittelbare Einschläge besitzt.

Zusammenfassung.

Das Ergebnis dieser Untersuchungen ist außerordentlich bemerkenswert und in mancher Hinsicht abweichend von den heutigen Anschauungen.

Es muß festgestellt und hervorgehoben werden, daß die Anwendung der vom Verfasser entwickelten Theorie über die Einschlagstellen des Blitzes auf den Gebäudeschutz zu Ergebnissen hinsichtlich der Anwendung von Fangstangen bzw. von Fangleitungen geführt hat, die im vollkommenen Einklang mit den Anschauungen stehen, welche von Faraday, Maxwell und Melsens entwickelt worden sind.

Dies hält der Verfasser für eine beachtliche Stütze seiner Theorie, die in folgenden Sätzen zusammengefaßt werden kann.

Die Fangstangen sind die Schutzvorrichtungen für sehr schlanke Gebäude, wie für Türme oder Häuser mit sehr steilen Dächern. Für den Schutz von Gebäuden der üblichen Art, besonders solcher mit sehr flachen Dächern scheiden sie aus.

Die Fangleitungen in der Form der Längsfangleitungen sind die Schutzvorrichtung für Gebäude der üblichen Art; jedoch müssen sie ein »Netz« bilden, wozu mindestens 3 Längsfangleitungen notwendig sind. Je dichter man das Netz macht, um so niedriger können die Längsfangleitungen über dem Dach verlegt werden.

Die Anwendung einer einzigen Längsfangleitung über dem First stellt keinen ausreichenden Schutz dar, wenn sie so niedrig über dem First angeordnet wird, wie es heute üblich ist.

---

[1]) Elektrotechnische Zeitschrift (57) 1936; H. 48; S. 1380.

IV. Beobachtungen.

1. Der Blitz.

Der Blitz ist, vom Stand unserer heutigen Kenntnisse aus betrachtet, sowohl hinsichtlich des meteorologischen als auch des elektrischen Teiles ein sehr komplizierter Vorgang. Die Schwierigkeit seiner Erforschung ist vor allem durch seine Größenverhältnisse in bezug auf seine Ausdehnung und die Höhe seiner Spannung bedingt, Dinge, die man im Laboratorium nicht naturgetreu nachbilden kann. Bei der Erforschung des Blitzes ist man deshalb darauf angewiesen, möglichst viele Einzeldaten zu sammeln und dann zu versuchen, die noch vorhandenen Lücken durch Versuche im Laboratorium auszufüllen.

In Deutschland ist die von Professor Toepler, Dresden, aufgestellte Theorie über die Blitzbildung am meisten anerkannt. Ihre wesentliche Lehre ist folgende.

In der Nähe des Erdbodens enthält 1 cbm Luft elektrische Ladungen von etwa $\pm$ 0,3 statische Einheiten, die voneinander geschieden, aber noch nicht getrennt sind. Werden diese Raumladungen durch aufsteigende Winde in die Höhe getragen, dann hängen sich die negativen und positiven Ladungsträger in der Wolke an verschieden große Wassertropfen an. Die größeren Tropfen erweisen sich als positiv, die kleinsten als negativ. Der aufsteigende Luftstrom reißt die kleinen negativen Tröpfchen nach oben, während die größeren positiven in tieferen Lagen schwebend erhalten werden. Durch den aufsteigenden Luftstrom werden also die ursprünglich benachbarten Teilchen voneinander getrennt und es entsteht in den Wolken eine Doppelschicht mit entgegengesetzten Ladungen; die untere Randfläche der Doppelschicht wird bei den Wärmegewittern in unseren Gegenden in einer Höhe von 1,8 bis 4 km angenommen. Die elektrische Gewitterenergie stammt demnach bei allen Gewittern aus der Bewegungsenergie der Luftmassen.

Die untere, der Erde zugekehrte Ladungsschicht, ist positiv, weil sie von den positiven Ladungsträgern herrührt; die obere ist negativ. Diese Doppelschicht hat beiderseits, d. h.

an ihrer oberen und unteren Begrenzungsfläche konstantes
Potential. Wenn die Ausdehnung der Wolke sehr groß ist,
kann man annehmen, daß zwischen der unteren Ladungsschicht
und der Erde keine Potentialdifferenz vorhanden ist. Die größte
elektrische Feldstärke in der Wolke herrscht naturgemäß an
der Stelle der Trennfläche zwischen den beiden Schichten.

Wird nun an irgendeiner Stelle in dieser Trennschicht
infolge einer Ungleichmäßigkeit die Feldstärke von etwa
30 kV/cm überschritten, so entsteht dort eine Entladung
und damit ist der Anfang für die Blitzbildung gegeben. Der
Verlauf der Blitzbildung ist dabei folgender: Zuerst entsteht
eine lichtlose Entladung, dann die Glimmentladung, dann die
Streifenentladung (Leuchtfäden), daraus folgen die Büschelbildung, die Funkenbüschel und endlich der Funken.

Nach Toepler muß man sich vorstellen, daß der werdende
Blitz »wie ein immer besser leitendes, sich mehr und mehr in
Richtung nach unten und gegen das Feld verlängerndes Draht-
stück wirkt«. Dabei ist fast das ganze Potentialgefälle am Blitz-
anfang und am Blitzende zusammengedrängt, da das Potentialgefälle längs des eigentlichen Funkenkanals nur gering ist.
Um die Blitzköpfe, am oberen und unteren Ende des Blitzes
herrscht demnach die größte Feldstärke. Diese ionisiert den
Raum um die Blitzköpfe herum und macht es dadurch möglich,
daß der Blitz nach oben und nach unten weiter wächst. Dabei
schieben die Blitzköpfe durch ihr Vorwachsen nach oben und
nach unten sozusagen die großen Feldstärken vor sich her.
Infolge der Anwesenheit der Erdoberfläche mit dem Potential
Null ist die Feldstärke gegen die Erde zu größer als in Richtung
des Himmels und deshalb wächst der Blitz mit seinem Haupt-
teil in Richtung nach der Erde.

Während des Vorwachsens gegen die Erde kann der Blitz
durch äußere Einflüsse, z. B. durch ungleichmäßige Verteilung
der Raumladung in der Atmosphäre, durch besondere Vorgänge
im Blitzkanal usw. von der senkrechten Bahn abweichen. Auch
Verschiedenheiten in der Leitfähigkeit des Erdbodens (Erz- und
Wasseradern) vermögen die Bahn des Blitzes zu beeinflussen,
wenn er »zufällig« in ihren Einflußbereich gerät. Man ist aber
der Meinung, daß die Blitzbahn durch diese Ungleichmäßig-
keiten durchaus nicht von vorneherein dadurch festgelegt ist.

Man hält dies sogar für unmöglich, da zu Beginn der Blitzbildung auf der Erde theoretisch gar keine Felderhöhung vorhanden zu sein braucht, sondern diese sich vielmehr praktisch
zum wesentlichen Teil erst während des Vorwachsens bildet.
Das heißt mit anderen Worten, daß die Entscheidung über die
Einschlagstelle des Blitzes erst fällt, wenn der Blitz der Erde
schon ziemlich nahe gekommen ist und dann zufällig in das
Einzugsgebiet einer durch besondere Leitfähigkeit oder durch
besondere Höhe ausgezeichnete Stelle gelangt.

Die Geschwindigkeit, mit welcher der Blitzkopf sich gegen
die Erde zu bewegt, ist sehr groß; sie wird auf 30000 km in der
Sekunde geschätzt. Mit dieser Geschwindigkeit nähert sich
also der Blitzkopf der Einschlagstelle, beispielsweise einer
Fangvorrichtung. Nehmen wir an, die Spannung des Blitzkopfes gegen Erde behielte während des Vorwachsens ihren
Wert unverändert bei, dann wird die mittlere Feldstärke, d. h.
die Größe der Spannung je m Abstand zwischen Blitzkopf und
Einschlagstelle in dem Maße und mit der Geschwindigkeit
größer, als sich der Blitzkopf der Einschlagstelle nähert. Die
Feldstärke um die Einschlagstelle herum ist deshalb nicht kon-
stant, sondern wächst mit der Zeit an. Ist dabei die Feldstärke
um die Einschlagstelle herum groß genug geworden, dann treten
auch an ihrer Oberfläche Entladungsbüschel auf, die dem Blitz
entgegenwachsen.

Faßt man das Ergebnis dieser kurzen Darlegungen über
die Blitzbildung und den Blitzverlauf zusammen, so ergibt
sich folgendes. Der Blitz schießt kurz nach seiner Entstehung
gegen die Erde vor, und zwar gänzlich unbeeinflußt von der
Beschaffenheit der Erdoberfläche und ihren Erhebungen. Erst
wenn der Blitz der Erde ziemlich nahe gekommen ist, wird er
von seiner Bahn zur künftigen Einschlagstelle hin abgelenkt,
wobei er im großen und ganzen »zufällig« in das Einzugsgebiet
der betreffenden Einschlagstelle gelangt sein kann. Die Feldstärke um die Einschlagstelle herum wächst dann mit großer
Geschwindigkeit an, so daß der Vorgang der gleiche ist wie bei
ruhenden Elektroden und steil ansteigenden Spannungen, die
man Stoßspannungen nennt.

Hier soll noch kurz auf die neuesten Ergebnisse der
amerikanischen Blitzforschung eingegangen werden.

Auf Grund von Blitzbildern, die mit eigens hierfür kon-
struierten Apparaten in der Natur aufgenommen worden sind,
haben besonders Schonland und Collens die Folgerungen
gezogen, daß die Blitzentladungen in der Wolke beginnen,
und zwar wächst zunächst von ihr aus eine verhältnismäßig
schwache Vorentladung sozusagen als Wegebereiter für
den eigentlichen Blitzstrahl rasch zur Erde hin. Wenn diese
Vorentladung die Erde erreicht hat, wächst die eigentliche
Hauptentladung in der so vorbereiteten Bahn von der Erde
nach der Wolke. Dieser Vorgang spielt sich bei Mehrfach-Ent-
ladungen wiederholt ab.

Die Vorentladung selbst schießt wie ein Pfeil mit einer
Länge von etwa 50 m von der Wolke aus mit einer Geschwindigkeit von etwa 50 m in $1 \mu s$ vor. Der erste Pfeil kommt aber
schon nach kurzer Wegstrecke zum Stillstand. Ihm folgt nach
etwa $100 \mu s$ ein zweiter Pfeil, der schon ein Stück weiter gegen
die Erde vorwachsen kann. Es arbeitet sich also die Vorentladung ruckweise bis zur Erde vor. Dabei sind vielleicht
hundert oder noch mehr Ruckstufen nötig, bis die Entladung
die Erde erreicht, was im ganzen etwa 0,01 s dauert. Auf dieses
ruckweise Vorwachsen hat auch Toepler schon hingewiesen.

Wenn die Vorentladung die Erde erreicht hat, setzt von
hier aus ein sehr starkes Aufleuchten längs der Vorentladungs-
bahn ein, das sich mit einer Geschwindigkeit von 20 bis 140 m
in $1 \mu s$ nach der Wolke hin fortpflanzt.

Von den Vorentladungen wird angenommen, daß sie ihre
Ladung aus der Wolke beziehen und sie längs ihrer Bahn ver-
teilen. Man vermutet, daß das ruckweise Vorwachsen dadurch
bedingt sein könnte, daß die Ladung in der Wolke weit verteilt ist und jeweils immer wieder über die nichtleitende Luft
heranströmen muß.

Sehr wichtig ist folgende Beobachtung. Wenn die Vorentladung in Erdnähe kommt, wachsen ihr Entladungen aus dem
Erdboden und insbesondere aus Gegenständen entgegen,
die über die Erde emporragen. Man hat solche von der Erde
aus nach oben schießende Vorentladungen von 1,2 bis 1,8 m
Länge gemessen. Als sicher gilt, daß die dem Hauptstrahl des
Blitzes entgegenwachsenden Entladungen noch größere Längen
besitzen können. Das Aufwärtswachsen der Entladungen von

der Erde oder den emporragenden Gegenständen aus erfolgt mit einer Geschwindigkeit von etwa 30 m je 1 μs. Der Durchmesser des Kernes dieser Entladung wird auf 1 bis 2 cm geschätzt.

Zusammenfassend kann man also sagen: Die Blitzbahn ist bestimmt durch das elektrische Feld in der Umgebung des Vorentladungskopfes und durch örtliche Ionisation. Ist der Vorentladungskopf nahe über der Erde angelangt, dann wachsen ihm aus hohen Gegenständen Entladungen entgegen. In der so gebildeten Bahn bewegt sich dann der Hauptstrahl des Blitzes.

Man kann wohl annehmen, daß diejenige Stelle der Erdoberfläche, von welcher aus der Vorentladung eine starke Entladung entgegenschießt, in den meisten Fällen auch als Einschlagstelle des Blitzes angesehen werden muß.

Welcher der beiden Anschauungen über den Blitz man nun auch den Vorzug geben will, jedenfalls kann man annehmen, daß der Blitz oder die ihm vorhergehende Vorentladung nicht wahllos an irgendeiner Stelle der Erde einschlagen, sondern dort, wo dem Blitz selbst oder seiner Vorentladung von der Erde aus die Einschlagstelle gewiesen wird. Dies müssen jedoch diejenigen Stellen auf der Erdoberfläche sein, wo die größte Feldstärke während des Vorwachsens des Blitzes oder der Vorentladung entsteht. Bei dem herrschenden Gesetz der linearen Abhängigkeit zwischen Schlagweite und Spannung und des geringen Einflusses der Elektrodenform kann dies nur die dem herniederfahrenden Strahl zunächstgelegene Stelle sein und diese Stelle soll die Blitzfangvorrichtung bilden.

2. Beobachtungen an ausgeführten Anlagen.[1])

Wie schon erwähnt worden ist, bieten die elektrischen Hochspannungsanlagen die Möglichkeit, die hier vertretenen Theorien auch durch die Erfahrungen bei natürlichen

[1]) Siehe auch: A. Schwaiger, Über den Schutzwert der Erdseile. Elektrotechnische Zeitschrift (58) 1937, H. 19. Ferner A. Schwaiger, Die Blitzanfälligkeit von Leitungsanlagen. Elektrotechnik und Maschinenbau (55) 1937, H. 31. Hier wird auch der Einfluß des Durchhanges der Leiterseile auf die Blitzgefährdung untersucht.

Blitzschlägen in diese Anlagen zu prüfen. Diese Anlagen eignen
sich besonders deshalb für solche Prüfungen, einmal weil ihre
Formen genau definiert sind und weil auf Grund der Stahlstäbchenmessungen in vielen Fällen die Einschlagstellen ziemlich sicher festgestellt werden können; endlich aber auch deshalb, weil sie verschiedene Formen aufweisen und deshalb eine
große Variation der Versuchsbedingungen darbieten.

Bei der Auswertung dieser Beobachtungen muß man sich
über folgendes klar sein. Bei einer großen Zahl von Hochspannungsleitungen sind keine Fangvorrichtungen vorhanden.
Hier trifft natürlich der Blitz beim Einschlag im Spannfeld stets
ein Leiterseil. Bei den verwendeten Mastbildern kann aber
der Blitz nicht jedes Leiterseil treffen. Man stelle sich beispielsweise den einfachen Fall vor, daß ein Leiterseil senkrecht über
einem andern Leiterseil angeordnet ist. Dann ist klar, daß der
Blitz das untere Seil nicht treffen kann, alle Blitze werden vom
oberen Seil abgefangen. In diesem Fall stellt also das obere
Seil die Fangvorrichtung für das untere Seil dar. Damit soll
gesagt werden, daß auch ein Leiterseil selbst als Fangvorrichtung wirken kann.

Aber auch wenn bei einer Leitungsanlage Fangvorrichtungen in Form von Fangdrähten (Erdseile) vorhanden sind,
kann das eine oder andere Leiterseil als Fangvorrichtungen
wirken, nämlich dann, wenn es nicht im Schutzraum des
eigentlichen Fangdrahtes liegt, also blitzanfällig ist. Es fängt
dann ebenfalls Blitze auf und schützt dadurch andere Leiterseile vor Einschlägen. Die nichtgeschützten Leiterseile sind
also auch Fangvorrichtungen, wenn auch ungewollt.

Um zu prüfen, welche Leiterseile geschützt sind und welche
nicht, geht man am besten so vor, und zwar gleichgültig, ob
Schutzseile vorhanden sind oder nicht:

Man legt durch das oberste Seil der Leitungsanlage, gleichgültig ob es ein Erdseil oder ein Leiterseil ist, eine Ebene parallel
zur Erdoberfläche, deren Spur in der Zeichenebene als Gerade erscheint; wir haben solche Spuren Oo schon kennen gelernt.

Dann nimmt man die Höhe des obersten Seiles über der
Erde in den Zirkel und schlägt mit diesem Radius von allen
Seilen aus Kreise bis zum Schnittpunkt mit der Spur der ge-

nannten Ebene. Der am meisten außen liegende Schnittpunkt ist für die Untersuchung der Blitzanfälligkeiten besonders wichtig. Von diesem äußersten Schnittpunkt und von o aus zeichnet man dann die angeschriebenen Kreisbögen und endlich hat man noch die Grenzgeraden und deren Schnittpunkte mit der Spur Oo zu ermitteln. Das sind die Elemente, die zur Auffindung derjenigen Leiterseile notwendig sind, die als blitzanfällig zu gelten haben.

Dies soll an einigen Beispielen von Hochspannungsmasten näher gezeigt werden; die Abmessungen derselben sind nach Angaben in technischen Zeitschriften (z. B. Elektrotechnische Zeitschrift 1936, H. 48) gewählt, und zwar unter der Annahme, daß es sich um 100-kV-Maste handelt. Das Ergebnis dieser Untersuchungen soll dann mit den Beobachtungen in der Natur verglichen werden.

Als erstes Beispiel betrachten wir den sog. »verkehrten Tannenbaum-Mast« mit 1 Erdseil (Abb. 14). O bedeutet das Erdseil; R, S und T sind die Phasenseile des einen Systems;

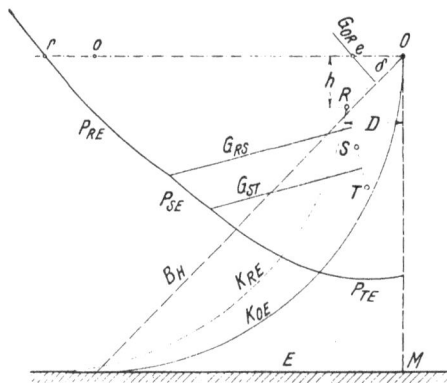

Abb. 14.

das andere System liegt symmetrisch hierzu. Der Leiter R ist, wie man sieht, so angeordnet, daß der Winkel $\delta \sim 45^0$ ist. Danach müßten nach der bisherigen Auffassung der Leiter R und erst recht natürlich die Leiter S und T geschützt sein.

Der obigen Anweisung entsprechend zeichnet man die Spur der Ebene durch O, die parallel zur Erde E verläuft. Dann nimmt man die Höhe dieses Leiters über E in den Zirkel und trägt von O aus die Strecke Oo gleich dieser Höhe ab. Ferner setzt man den Zirkel in R ein und schlägt den Kreisbogen bis zum Schnitt r mit der Spur Oo. Schlägt man auch von S und T aus solche Kreisbögen, so erhält man Schnitte, die weiter innen liegen. Deshalb sind sie für die weiteren Untersuchungen nicht benötigt.

Nunmehr zeichnet man die angeschriebenen Kreisbögen K_{OE} und K_{RE} von o bzw. von r aus. Man sieht, daß alle Leiter außerhalb des angeschriebenen Kreisbogens K_{OE} liegen, das Erdseil O vermag demnach keines der Phasenseile in vollkommener Weise zu schützen. Ferner sieht man, daß die Leiterseile S und T innerhalb des angeschriebenen Kreisbogens K_{RE} liegen, also sind diese Seile durch den Leiter R geschützt. Von den Leiterseilen ist also nur der Leiter R blitzanfällig.

In Abb. 14 sind auch die Grenzparabeln und damit die Einzugsgebiete der Anlage eingezeichnet. Für die hier anzustellenden Untersuchungen werden sie jedoch nicht benötigt.

Dagegen ist es sehr wichtig, die Grenzgeraden G_{OR}, G_{RS} und G_{ST} zu kennen. Man sieht, daß die Grenzgerade G_{OR} die Spur Or im Punkt e schneidet; die andern Grenzgeraden ergeben keinen Schnitt mit dieser Spur. Das ist verständlich, sie sind ja auch nicht blitzanfällig.

Nunmehr kann man die Blitzanfälligkeiten näher beschreiben. Alle Blitze, welche längs der Strecke Oe auftreffen, gehen in das Erdseil O, weil dieses für den Blitz die nächstgelegene Einschlagstelle ist. Alle Blitze, welche längs der Strecke re auftreffen, gehen in das Leiterseil R, weil dieses von allen Punkten dieser Strecke aus die dem Blitz zunächst gelegene Einschlagstelle ist. Die ungünstige Lage des Leiters R kommt auch dadurch zum Ausdruck, daß durch den Leiter R die Breite des Einzugsgebietes um das Stück or vergrößert wird.

Die hier gestellte Aufgabe ist nun, das Ergebnis dieser theoretischen Untersuchung mit den in der Natur beobachteten Einschlägen zu vergleichen. Hier zeigt sich, daß die Erfahrung mit diesem Ergebnis in ausgezeichneter Weise übereinstimmt, indem das Leiterseil R nach den bisherigen Feststellungen schon häufig von Blitzen getroffen worden ist. Daß die Leiterseile S und T nicht vom Blitz getroffen werden können, ist schließlich auch ohne Theorie glaubhaft. Man hat aber bisher auch den Leiter R für genügend geschützt gehalten und vielfach versucht, die Einschläge in anderer Weise zu erklären.

Will man die Höhe h des Erdseiles über der Ebene durch die beiden Leiterseile R finden, welche zum vollkommenen Schutz von R notwendig ist, wendet man die früher entwickelten Gesetze an. Da es sich um den Schutz der Anlage durch eine einzige Längsfangleitung handelt, müssen die Firsthöhe F, hier die Höhe des Leiters R über Erde, und die Dachbreite D, hier der Abstand des Leiters R von Mastmitte bestimmt und ihr Verhältnis $D:F$ gebildet werden. Dieses beträgt nach Zeichnung $D:F = 0,215$. Der Neigungswinkel, der durch die beiden Leiter R gelegten Ebene gegen die Waagrechte beträgt 0^0. Aus der Tafel I findet man hierfür das Verhältnis $h:D = 4,2$. Der Wert von D, also der Abstand des Leiters R von Mastmitte dürfte bei Leitungsanlagen für 100 kV etwa 4,4 m betragen. Demnach müßte das Erdseil in einer Höhe von $4,2 \cdot 4,4 =$ 18,5 m über der Spur der Ebene durch R verlegt werden. Man erkennt, daß dies unmöglich ist. Daraus kann man schließen, daß man mit Hilfe eines einzigen Erdseiles die Phasenseile dieses Mastbildes nicht vollkommen gegen Blitzeinschläge schützen kann.

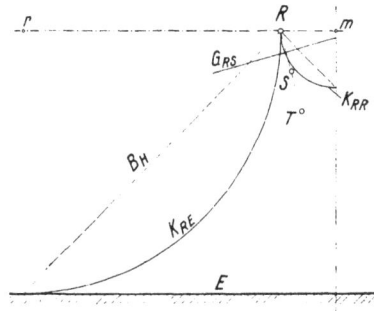

Abb. 15.

In Abb. 15 ist das gleiche Mastbild, diesmal jedoch ohne Erdseil dargestellt. In diesem Fall muß man fragen, wo die Blitze einschlagen, die bis zur Spur Rr gelangen.

Die Schutzraumbegrenzungen durch den angeschriebenen Kreis K_{RE} und den eingeschriebenen Kreis K_{RR} werden in

bekannter Weise gefunden. Man sieht, daß die Leiter S und T
im Schutzraum des Leiters R liegen. Allerdings befindet sich
der Leiter S schon bedenklich nahe an der Schutzraumbegrenzung K_{RR}. Wird er auch nur ein wenig nach rechts und
nach oben gerückt, dann kann er von Blitzen getroffen werden,
die zwischen den Leitern R der beiden Systeme hernieder-
fahren.

Der mit m bezeichnete Punkt ist der Mittelpunkt des eingeschriebenen Kreises K_{RR}. Der Leiter S ist dann gefährdet,
wenn die Grenzgerade G_{RS} einen Schnittpunkt zwischen den
beiden Punkten R und m erzeugt.

Die Erfahrung mit solchen Masten lehrt, daß das Leiterseil R sehr häufig getroffen wird. Es sind auch einige Fälle
bekannt, in denen merkwürdigerweise auch das Leiterseil S
getroffen worden ist. Nun ist zu bedenken, daß bei geringen
Abweichungen von den hier angenommenen Abmessungen der
Leiter S tatsächlich blitzanfällig werden kann. Deshalb ist es
durchaus möglich, daß der Leiter S vom Blitz getroffen werden
kann. Mit Hilfe der Schutzraumtheorie von Holtz kann allerdings ein Einschlag in S nicht erklärt werden; denn danach
liegt der Leiter S im Schutzraum B_h, der in der Abb. 15 ge-
strichelt angedeutet ist.

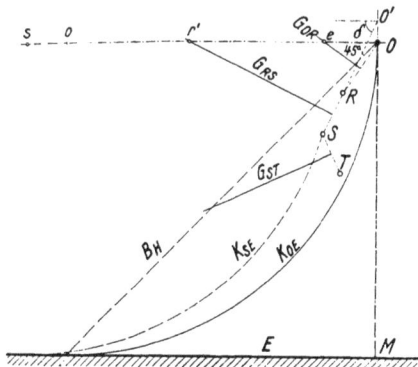

Abb. 16.

In Abb. 16 ist das sog. »Tonnenmastbild« mit Erdseil
dargestellt. Auch hier liegen alle 3 Phasenseile außerhalb des
angeschriebenen Kreisbogens K_{OE}. Man zeichnet wiederum die

Spur Oo und die Grenzgeraden G_{OR}, G_{RS} und G_{ST}. Die Grenzgeraden schneiden die Spur Oo in den Punkten e, r' und s'; d.h.
von den Blitzen, welche bis zur Spur Oo gelangen, schlagen
diejenigen in das Erdseil O ein, welche die Spur Oo längs der
Strecke Oe treffen. Diejenigen Blitze, welche die Spur Oo längs
der Strecke er' treffen, schlagen in R ein und der Rest, nämlich diejenigen Blitze, welche die Spur Oo längs der Strecke
$r's$ treffen, schlagen in S ein. Das Leiterseil T dagegen kann
nicht getroffen werden. Auch hiermit stimmt die Beobachtung wirklicher Einschläge ausgezeichnet überein.
Dem Verfasser sind ebenso viele Einschläge nach R als auch
nach S bekannt. In der Tat sind ja auch beide Leiterseile gleich
stark gefährdet, da die Strecken sr' und $r'e$ ungefähr gleich
groß sind.

Zeichnet man wiederum die Spur B der bisher als maßgebend anerkannten Schutzraumbegrenzung ein (gestrichelte
Gerade unter 45⁰), so erkennt man besonders deutlich, daß
weder der Leiter R noch der Leiter S als gefährdet gelten.
Tatsächlich aber hat der Blitz in die Leiterseile R und S eingeschlagen, wiederum ein Beweis, daß diese Schutzraumtheorie
nicht richtig sein kann.

Wie hoch müßte bei diesem Mastbild das Erdseil O angeordnet werden, wenn die beiden Leiterseile R und S geschützt
sein sollen? Zur Beantwortung dieser Frage legt man durch die
Leiterseile S und R die Verbindungslinie und verlängert sie
bis zum Schnittpunkt O' mit der Mastachse. Diese Verbindungslinie besitzt gegen die Waagerechte den Neigungswinkel δ, der
im vorliegenden Fall 62,5⁰ beträgt, was einer Dachneigung
von 1:1,92 entspricht. Die Strecke SO' stellt sozusagen ein
Hausdach dar. Es handelt sich nun auch hier wieder darum,
auf diesem gedachten Dachfirst O' eine einzige Längsfangleitung
zu errichten. Es ist demnach die Tafel I einschlägig; man findet
auf diese Weise die Höhe h zu rd. 9 m für einen 100-kV-Mast.
Das sind im ganzen $27 + 9 = 36$ m über der Erde; in dieser
Höhe müßte das Schutzseil verlegt werden. Man sieht, daß
auch bei diesem Mastbild der Schutz mit einem einzigen Leiterseil zu unmöglichen Konstruktionen führt.

In Abb. 17 ist dasselbe Mastbild, jedoch ohne Erdseil
dargestellt. Der Leiter S befindet sich außerhalb des ange-

schriebenen Kreisbogens K_{RE}, während das Leiterseil T sowohl innerhalb des angeschriebenen wie auch innerhalb des eingeschriebenen Kreisbogens liegt. Die Strecke sR ist gleich der

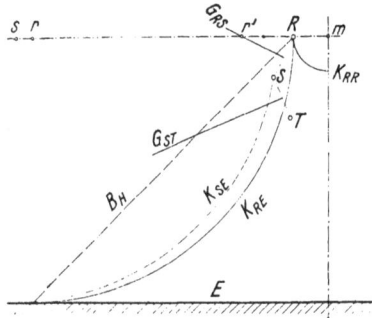

Abb. 17.

Höhe des Leiters R über Erde. Die Grenzgeraden G_{RS} und G_{ST} sind in bekannter Weise gezeichnet; es führt jedoch nur die Grenzgerade G_{RS} zum Schnitt mit der Spur sR. Die längs der

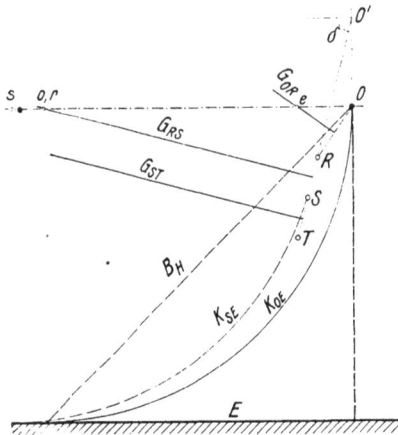

Abb. 18.

Strecke $r'm$ einfallenden Blitze schlagen in R ein; die längs der Strecke $r's$ einfallenden Blitze dagegen in S.

In Abb. 18 ist der sog. »Tannenbaummast« mit Erdseil dargestellt. Man sieht, daß alle 3 Leiter außerhalb des ange-

schriebenen Kreisbogens K_{OE} liegen; die Grenzgeraden G_{OR}
und G_{RS} ergeben die Schnittpunkte e und r auf der Spur Oo[1]).
Die längs der Strecke Oe auftreffenden Blitze schlagen in O
ein; die längs der Strecke er auftreffenden Blitze dagegen
treffen den Leiter R und endlich die längs des kurzen Stückes
sr auftreffenden Blitze entladen sich nach dem Leiter S. Der
Leiter T kann nicht getroffen werden.

Die Erfahrung lehrt, daß tatsächlich der oberste
Leiter R am häufigsten getroffen wird. Es sind aber
auch Einschläge nach dem Leiter S bekannt geworden.

Verlängert man die Verbindungslinie der drei Leiterseile
nach oben bis zum Punkt O', dann bildet diese Verbindungslinie den Winkel δ mit der Waagerechten. Dieser Winkel
variiert bei den verschiedenen Leitungsanlagen um gewisse
Beträge und es ist klar, daß bei kleineren Werten von δ der
Leiter S anfälliger wird.

Nach der alten Schutzraumtheorie dürfte keiner der
Leiter getroffen werden, da alle unterhalb der gestrichelten
Geraden mit der bekannten Neigung von 45^0 liegen.

Die Höhe, in welcher das Erdseil verlegt werden müßte,
wenn die Leiterseile geschützt sein sollen, kann wie vorher berechnet werden. Man kommt auch hier wiederum zu unmöglichen Werten für die Höhe des Schutzseiles. Auch dies ist ein
Beweis, daß der Schutz mit einem einzigen Erdseil
nicht ausreichend ist.

In Abb. 19 ist das gleiche Mastbild ohne Erdseil dargestellt. Auf die Konstruktion des angeschriebenen und eingeschriebenen Kreises und der Grenzgeraden braucht wohl nicht
mehr eingegangen zu werden. Man erkennt, daß nunmehr alle
3 Leiterseile blitzanfällig sind, die Leiterseile R und S am meisten, das Seil T am wenigsten[2]). Auch damit stimmt die
Erfahrung sehr gut überein. Nach der alten Schutzraumtheorie könnten die Leiter S und T nicht getroffen werden.
Dem widerspricht, wie man sieht, die Erfahrung.

In Abb. 20 ist ein Mast für Einphasenstrom mit waagrechter Seilanordnung dargestellt. Die Grenzgeraden G_{VO}

---

[1]) Die Punkte r und o fallen hier zufällig zusammen.
[2]) Die Punkte s und t fallen hier zufällig zusammen.

und G_{UV} schneiden sich fast genau auf der Spur Oo im Punkt e.
Ein Blitz, der im Punkt e ankommt, kann also sowohl in O
als in V und in U einschlagen. Am meisten gefährdet ist der
Leiter U. Tatsächlich wird bei diesem Mastbild der
Leiter U am meisten getroffen; es sind aber auch Ein-
schläge nach V bekannt geworden. Auch diese Leiter-

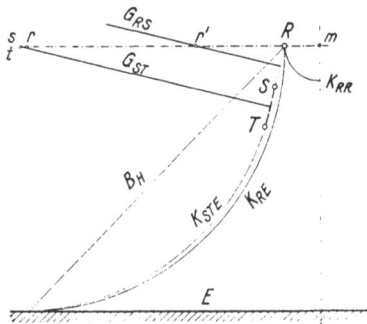

Abb. 19.

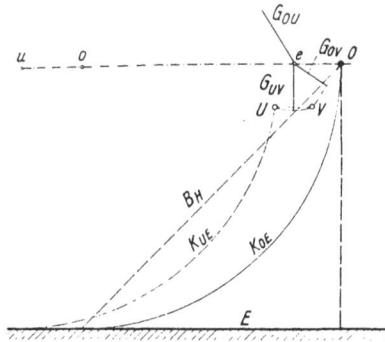

Abb. 20.

seilanordnung kann nicht durch ein einziges Erdseil
geschützt werden, wie man leicht findet; eine Rechnung
ergibt, daß das Erdseil höher über den Leiterseilen angeordnet
werden müßte als die Höhe der Leiterseile über Erde beträgt.

In Abb. 21 ist eine Drehstromleitung mit waagrechter
Seilanordnung dargestellt. Man erkennt, daß der Leiter R am
meisten, der Leiter S weniger und der Leiter T kaum noch

gefährdet ist. Nur ein zufällig in t' einfallender Blitz kann auch nach T einschlagen. Besitzt der Mast kein Erdseil, dann sind natürlich alle Leiterseile gefährdet, am meisten die beiden äußersten. Über dieses Mastbild liegen zahlreiche Erfahrungen vor, die durchaus im Einklang mit der hier vertretenen Theorie stehen.

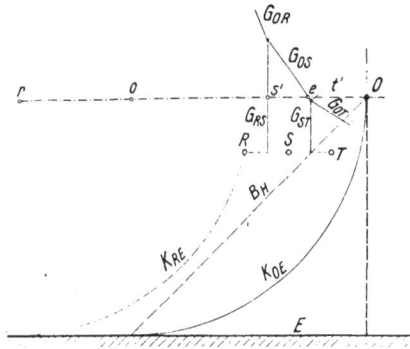

Abb. 21.

Wollte man dieses Mastbild mit einem einzigen Erdseil schützen, so müßte man dieses etwa zweimal so hoch über dem Leiterseil anordnen, als diese über der Erde liegen. Es herrscht wohl allgemeine Übereinstimmung darin, daß man die Leiter bei diesem Mastbild nicht mit einem Erdseil schützen kann.

Im Anschluß hieran soll noch untersucht werden, ob man den Mast der Abb. 21 mit 2 Erdseilen schützen kann, eine Anordnung, die man bei Leitungsanlagen manchmal findet. Es werde angenommen, daß je ein Erdseil über der Mitte von R und S angeordnet werden soll, also auf der Mittelsenkrechten G_{RS}. Man stellt nun die Frage, wie hoch das Erdseil liegen müßte, wenn es den Leiter R allein zu schützen hätte.

Die Höhe des Leiters R über Erde, also die Größe F sei zu 14,5 m und der Abstand D des Leiters R von der genannten Mittelsenkrechten sei zu 1,75 m angenommen. Dann findet man aus der Tafel I für das Verhältnis 1,75:14,5 = 0,12 beim Winkel $\delta = 0^0$ den Wert $h = 8,7$ m.

Der Abstand der Mittelsenkrechten G_{RS} von der gleichnamigen Mittelsenkrechten auf der anderen Mastseite beträgt bei ausgeführten Masten ungefähr 16 m. Durch die beiden so angeordneten Erdseile wäre demnach das Mastbild vollkommen geschützt. Nun liegen die Leiterseile etwa 1,7 m unterhalb der Traverse, entsprechend einer Länge von 1,7 m der Hängekette. Demnach müßten die Erdseile 8,7 — 1,7 = 7 m über der Traverse angeordnet werden. Das ergibt natürlich eine unmögliche Konstruktion für den Mast. Man sieht, daß dieses Mastbild selbst mit Hilfe von 2 Erdseilen nicht zu schützen ist. Dieses Ergebnis ist, wenn man sich an die Schwierigkeit des Schutzes waagrechter Dächer beim Häuserschutz erinnert, nicht verwunderlich.

Da die Erdseile bei diesen Masten in der Praxis in viel geringeren Höhen angeordnet sind, kann der Schutz nicht ausreichend sein und deshalb ist es erklärlich, daß auch Einschläge in die Leiterseile beobachtet worden sind.

Als letztes Beispiel soll der für ein einfaches Drehstromsystem bestimmte Mast nach Abb. 22 betrachtet werden. Man sieht, daß trotz Vorhandenseins eines Erdseiles und trotzdem alle Leiterseile im historischen Schutzraum liegen, alle Leiter-

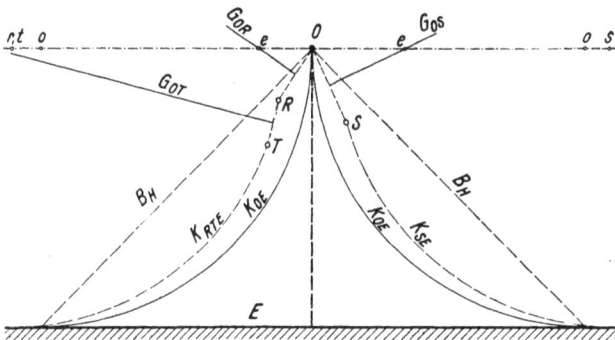

Abb. 22.

seile nach der neuen Theorie als blitzanfällig gelten müssen. In der Tat sind auch zahlreiche Einschläge in alle 3 Leiter beobachtet worden.

Aus diesen Darlegungen folgt erstens, daß die hier vertretene Theorie die in der Natur beobachteten Leiterseileinschläge zu erklären vermag; zweitens daß der bisher für maßgebend erachtete Schutzraum den Leiterseilen nicht den

erwarteten Schutz bietet und drittens, daß kein einziger sicherer
Einschlag in die vom Verfasser angegebenen Schutzräume nachgewiesen ist, obwohl Leiterseile in diesen Schutzräumen vorhanden sind.

Aber noch eine andere wichtige Schlußfolgerung drängt
sich aus diesen Untersuchungen auf. Die Einzugsgebiete der
Leiterseile aller Mastbilder mit übereinander liegenden Phasen
sind geschlossene Einzugsgebiete, die bei manchen Mastbildern nur wenig über die Spuren Oo bzw. Rr hinausragen.
Tatsächlich sind aber auch diese Leiterseile mit den geschlosse-
nen und niedrigen Einzugsgebieten von Blitzen getroffen worden. Daraus folgt, daß die Entscheidung über die Einschlagstelle des Blitzes in diesen Fällen erst kurz oberhalb der Ebene
mit der Spur Oo bzw. Rr erfolgt sein kann.

Es gibt also Blitze, die sich erst hart über der
Einschlagstelle dieser zuwenden. An dieser Tatsache
kann nach den Ergebnissen der vorliegenden Untersuchungen
nicht gezweifelt werden.

Es wurde oben darauf verzichtet, die einzelnen Fälle von
Einschlägen in die Leiterseile namentlich und mit ausführ-
licher Darlegung der Art und Weise, wie diese Einschläge festgestellt worden sind, aufzuführen. Es muß aber bemerkt werden,
daß nur solche Leiterseileinschläge berücksichtigt worden sind,
die als wirkliche Leiterseileinschläge anerkannt sind. Daneben dürfte es aber noch viele Leiterseileinschläge geben, die
heute als sog. »rückwärtige Überschläge« gedeutet werden.
Diese rückwärtigen Überschläge kommen dadurch zustande,
daß bei direkten Einschlägen in die Masten und bei ungenügen-
der Erdung derselben die Masten unter Hochspannung gesetzt
werden. In diesem Zustand der Masten erfolgen dann Überschläge vom Mast über die Hängeketten nach den Leiterseilen.

Man ist jedoch nach den gemachten Erfahrungen zur
Überzeugung gekommen, daß die Theorie der rückwärtigen
Überschläge nicht in allen Fällen uneingeschränkte Gültigkeit hat. Die Vermutung ist deshalb wohl berechtigt, daß
manche als Masteinschläge mit darauffolgenden rückwärtigen Überschlägen gedeutete Treffer in Wirklichkeit
Leiterseileinschläge sind.

Nach veröffentlichten Statistiken sind fast die Hälfte aller Einschläge in Leitungsanlagen als Masteinschläge gedeutet. Diese Zahl dürfte sich unter Berücksichtigung der obigen Darlegungen bedeutend verringern. Darauf weist auch die Beobachtung hin, daß bei Leitungsanlagen ohne Erdseile die Einschläge im Spannfeld häufiger auftreten als die Einschläge in die Masten, obwohl hier die Mastspitzen exponierter sind als bei den Leitungen mit Erdseil[1]).

An dieser Stelle sei nochmals daran erinnert, daß bei Leitungsanlagen kaum ein Einschlag bekannt geworden ist, der näher als 1 mal O_0 beim Mast gelegen ist. Die gleiche Beobachtung hat man auch bei Einschlägen in der Nähe von Gebäuden gemacht. In der »Zeitschrift für technische Physik« 18. Jahrgang, H. 4, S. 106 berichtet Prof. B. Walter, Hamburg, daß bei Türmen die Einschlagstellen in den Boden höchstens zwischen dem ersten und zweiten Höhenkreis, also zwischen 1 mal und 2 mal O_0 bis an den Turm herankommen.

Daraus folgt, wie oben schon dargelegt worden ist, daß der Blitz »in verhältnismäßig geringer Höhe über der Spitze des Turmes in seiner Bahn einen Knick macht, von welchem ab dann die Linie, unter Ausführung der üblichen kleinen Win-

---

[1]) Hauptsächlich zur Ermittlung der Blitzstromstärken hat man die Leitungsanlagen mit Stahlstäbchen versehen, und zwar sind diese meist am Mast und am Erdseil befestigt. Wenn genügend viele Stahlstäbchen eingebaut sind, kann man in manchen Fällen auch Rückschlüsse auf den Ort des Einschlages ziehen. Am sichersten lassen sich die Einschläge feststellen, welche das Erdseil im Spannfeld getroffen haben. Die Feststellung dagegen, ob der Blitz in den Mast oder in ein Leiterseil eingeschlagen hat, ist meist sehr schwierig, immerhin aber unter gewissen Umständen in einigen Fällen einwandfrei möglich. Wenn man neben den so festgestellten Leiterseileinschlägen auch diejenigen Einschläge als Leiterseileinschläge deutet, wo der Einschlag nicht in das Erdseil erfolgt ist, aber Überschlagspuren an den Isolatoren gefunden worden sind, trotzdem rückwärtige Überschläge nicht möglich waren, dann treffen nach den statistischen Untersuchungen des Verfassers unter 100 Einschlägen etwa 15 bis 20 Einschläge auf die Leiterseile und etwa 65 Einschläge auf das Erdseil. Dabei sind nur solche Fälle in Rechnung gesetzt, wo 1 Erdseil vorhanden ist und die ermittelten Einschläge als sicher gelten können.

82

dungen, mit Entschiedenheit auf den Turm verläuft«
(Walter).

Im Anschluß an diese Beobachtungen bei Leitungsanlagen
soll noch ein Einschlag in ein Gebäude angeführt werden, der
geradezu klassische Bedeutung besitzt. Am 3. August 1935
nachmittags schlug ein Blitz in das in Abb. 23 mit seiner
Giebelfront dargestellte landwirtschaftliche Gebäude ein, das
in U-Form gebaut ist und eine Firstlänge von rd. 200 m besitzt.
Längs dieses Firstes waren 24 Fangstangen mit einer Höhe
von je 2 m aufgestellt. Die Erdung war einige Zeit vor dem

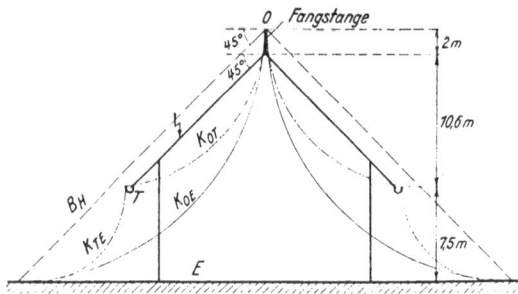

Abb. 23.

Einschlag geprüft und als gut befunden worden; der Grundwasserspiegel liegt bei diesem Gebäude 1,25 bis 1,5 m unter der
Erdoberfläche; außerdem fließt jenseits der Straße, an welcher
das Gebäude liegt, ein großer Bach vorbei. Die Dachrinnen
und Metallteile des Daches, die elektrischen Dachständer usw.
waren an die Erdleitung angeschlossen.

Der Einschlag war nach Aussage der Beobachter an der mit
einem Blitzpfeil gekennzeichneten Stelle des Daches erfolgt.
Auf dem Speicher des Hauses befanden sich unterhalb der
Einschlagstelle landwirtschaftliche·Maschinen (Futterschneid-
maschine usw.); diese waren nicht an die Erdleitung angeschlossen.

Wie man sieht, hat das Dach eine Neigung von 45⁰. Selbst
wenn längs des Firstes und knapp darüber nur eine einfache
Fangleitung verlegt gewesen wäre, hätte nach der geltenden
Theorie der Blitz in diese Fangleitung einschlagen und das

Haus schonen müssen, da ja das Gebäude in dem bekannten Schutzraum von 45⁰ liegt. Erst recht hätte aber die Fangvorrichtung das Haus schützen müssen, nachdem eine so große Zahl hoher Fangstangen auf dem First aufgestellt waren. Nach der hier vertretenen Theorie ist es aber verständlich, daß der Blitz die Fangvorrichtung verschmähen und daneben einschlagen konnte. Der Blitz hat gezündet und das ganze Gebäude mit seinen Vorräten ist in Flammen aufgegangen[1]).

Berechnet man die Höhe der Fangvorrichtung nach den hier abgeleiteten Regeln unter Annahme von Längsfangleitungen, so ergibt sich

bei 3 Längsfangleitungen, nämlich 1 Längsfangleitung auf dem First und je 1 Längsfangleitung an den Traufkanten eine Mindesthöhe der Fangleitung von $h = 4,5$ m;

bei 5 Längsfangleitungen in gleichen Abständen die Höhe der Fangleitung gleich der Hälfte, also $h = 2,25$ m. Beide Anordnungen sind durchaus ausführbar.

Zum Schluß dieser Betrachtungen soll noch die allgemeine Erfahrung über die Gefährdung von Gebäuden mitgeteilt werden. In dem Buch »Blitzschutz« heißt es auf S. 25:

»Offenkundige Gefahrenpunkte sind beim Anbringen von Auffangstangen in erster Linie zu berücksichtigen. Entsprechend ihrer Wichtigkeit ergibt sich ungefähr folgende Reihen-

---

[1]) Dem Verfasser sind noch eine Reihe von Einschlägen in Häuser aus neuerer Zeit bekannt, die neben dem Blitzableiter erfolgt sind. Jedoch ist bei diesen Einschlägen der Erdwiderstand nicht gemessen worden, so daß auch rückwärtige Überschläge vorliegen könnten. Deshalb wird auf deren Beschreibung verzichtet.
Mit den Blitzeinschlägen beschäftigen sich auch die Wünschelrutengänger. In diesen Kreisen besteht die Meinung, daß die Einschläge neben dem Blitzableiter auf den Einfluß unterirdischer Wasseradern oder Wasseradernkreuzungen zurückzuführen seien. Nach der vorliegenden Theorie steht aber fest, daß auch bei gut leitendem Boden, also wenn keine Wasseradern vorhanden sind, der Einschlag neben dem Blitzableiter erfolgen kann, nämlich in alle Stellen des Daches, die außerhalb des Schutzraumes der Fangvorrichtung liegen. Nach den obigen Darlegungen ist der Schutzbereich der heute üblichen Blitzschutzvorrichtungen nicht sehr groß, so daß Einschläge neben dem Blitzableiter durchaus möglich und wahrscheinlich sind. Sie brauchen nicht auf die Wirkung von Wasseradern zurückgeführt werden.

folge: a) Turm- und Giebelspitzen; b) Schornsteine und Dunst-
schlote; c) Antennenmaste, Fahnenstangen; d) der First
selbst; e) die Giebelkante vom First zur Traufe; f) die Traufkanten, namentlich bei flachen Dächern und freistehenden
Gebäuden.«

Auch diese Erfahrungen stehen im Einklang mit der hier
vertretenen Theorie.

Hinsichtlich des Schutzes von Gebäuden möge noch
folgendes bemerkt werden.

Die Entwicklung des Blitzschutzes lehrt, daß die Erfahrungen auf dem Gebiet des Gebäudeschutzes dem Schutz der
Leitungsanlagen ebensowenig zugute gekommen sind, wie umgekehrt. So hat man z. B. beim Schutz der Leitungsanlagen
anfänglich zu wenig Wert auf einen geringen Erdwiderstand
gelegt. Gerade auf die Wichtigkeit dieses Punktes ist aber
beim Gebäudeschutz seit fast mehr als 100 Jahren hingewiesen
worden. Jetzt muß man feststellen, daß beim Gebäudeschutz
die Erfahrungen des Leitungsschutzes nicht genügend bekannt
sind.

Wie schon erwähnt und nachgewiesen worden ist, ist man
sich in elektrotechnischen Kreisen darin einig, daß die Anwendung eines einzigen Erdseiles keinen »Vollschutz« der Leitungsanlagen ermöglichen kann. Daß hierbei die Frage erwogen
wird, ob es wirtschaftlich ist, mehr als 1 Erdseil zu verlegen,
ist eine Sache für sich.

Vergleicht man nun ein Haus und eine Leitungsanlage,
dann entspricht dem Fangdraht auf dem Giebel des Hauses
das Erdseil der Leitungsanlage; nur ladet das Dach des Hauses
viel weiter aus als die Phasenseile.

Will man ein Haus mit einem einzigen Fangdraht schützen,
so müßte dieser noch höher verlegt werden als bei der Leitungsanlage, weil das Dach weiter ausladet als die Ebene, in der die
Phasenseile liegen. Da aber schon der Schutz der Leitungsanlagen mit nur einem Erdseil zu unmöglichen Konstruktionen
führt, so erst recht beim Schutz eines Hauses mit nur einem
Fangdraht.

Wie geht man aber beim Gebäudeschutz in der Praxis
vor? Man verlegt den Fangdraht hart über dem First oder ord-

net gar nur eine einzige »mäßig hohe« Fangstange auf der Mitte
des Firstes an. Das ist unleugbar ein Widerspruch. Wenn man
schon beim Schutz der Leitungsanlagen glaubt, mit einem Erdseil nicht auskommen zu können, dann müßte man noch viel
mehr die Notwendigkeit anerkennen, auch beim Gebäudeschutz
mehrere Fangleitungen zu verwenden.

Dadurch, daß man beim Leitungsschutz die Anwendung
mehrerer Erdseile für notwendig hält, rückt man von der Anerkennung des Holtzschen Schutzraumes ab. Es ist nicht zu
rechtfertigen, diesen Schutzraum beim Gebäudeschutz dann
weiterhin noch beizubehalten.

V. Wissenschaftliche Begründungen.

Es werde angenommen, daß der Blitz als elektrische Entladung den Gesetzen gehorcht, die für den Durchschlag der
Luft bei hohen Spannungen gültig sind. Da der Blitz beim Ver-
lassen der Wolke in seinem ersten Verlauf durch die zukünftige
Einschlagstelle noch nicht beeinflußt wird, demnach schon
als Strahl von ziemlicher Länge vorhanden ist, bis das elektrische Feld über der Erde merklich geändert wird, fassen wir ihn
als eine Elektrode auf, die sich in einer gewissen Höhe über
der Erde befindet und von da aus sich zur Einschlagstelle hin
entlädt.

Den Fall, daß dem Blitz nur die Oberfläche der Erde allein
zum Einschlag gegenübersteht, scheiden wir aus, da er hier
nicht interessiert. Wir nehmen vielmehr an, daß er sich einem
die Erde überragenden Gegenstand nähert, also einem Gebäude oder einer Leitungsanlage usw. und fragen, unter welchen
Bedingungen er in den betreffenden Gegenstand und unter
welchen Bedingungen er daneben, also in die Erde einschlägt.
Dem Blitz als der einen Elektrode stehen demnach zwei miteinander verbundene Elektroden gegenüber, das Gebäude
mit seiner Fangvorrichtung und die Erde.

Auf diesen Fall wenden wir die Gesetze der Hochspannungstechnik an, um die gestellte Frage nach der Einschlagstelle zu beantworten.

1. Der Luftdurchschlag.

Das Grundgesetz der elektrischen Festigkeitslehre für den Durchschlag lautet

$$U_d = \mathfrak{E}_d \cdot a \cdot \eta \qquad \qquad \text{(7)}$$

In dieser Gleichung bedeuten U_d die Spannung, bei welcher die Luft durchgeschlagen wird, $\mathfrak{E}_d$ die Durchschlagfestigkeit der Luft, a die Schlagweite und η ist ein Faktor, der angibt, um wieviel kleiner die Durchschlagspannung bei der vorliegenden Anordnung ist im Vergleich zu derjenigen zwischen zwei parallelen Ebenen, für welche η den Wert 1 besitzt[1]).

Die Entladung, die zwischen den Elektroden auftritt, kann eine »unvollkommene« sein in Form der Glimm- oder Büschelentladung oder eine »vollkommene« in Form der Funken- oder Lichtbogenentladung.

Unter welchen Bedingungen tritt der unvollkommene bzw. der vollkommene Durchschlag ein?

Man kann nachweisen, daß der Faktor η nur von den Verhältnissen der geometrischen Abmessungen der Elektrodenanordnung abhängt, und zwar bei den einfachen, hier vorliegenden Fällen von dem Verhältnis p

$$p = \frac{a+r}{r}. \qquad \qquad \text{(8)}$$

Die Zahl p heißt »geometrische Charakteristik« der Anordnung; r ist der Krümmungsradius der am stärksten gekrümmten Elektrode. Für jede Anordnung gibt es nun einen bestimmten »kritischen« Wert p_k, der die Grenze zwischen dem unvollkommenen und dem vollkommenen Durchschlag bildet, und zwar ist für $p > p_k$ der Durchschlag ein unvollkommener und für $p < p_k$ ein vollkommener, vorausgesetzt, daß die Durchschlagfestigkeit $\mathfrak{E}_d$ als unabhängig von r und a gelten kann. Sonst verschiebt sich die Grenze etwas, worauf hier aber nicht geachtet werden soll.

In der folgenden Zahlentafel sind für einige Anordnungen die Werte p_k und die hierzu gehörigen Werte von η_k zusammengestellt; in der dritten Reihe ist ein Wert c eingetragen, dessen Bedeutung später erläutert wird.

---

[1]) A. Schwaiger, Elektrische Festigkeitslehre. Springer, Berlin 1925.

Zahlentafel B.

2 konaxiale Zylinder . . .	$p_k = 2{,}72$	$\eta_k = 0{,}59$	$c = 0{,}375$
2 parallele Zylinder	3,6	0,71	0,514
Zylinder parallel zur Ebene	3,0	0,62	0,413
2 konzentrische Kugeln . .	2,0	0,50	0,250
2 Kugeln nebeneinander . .	2,5	0,64	0,384
Kugel gegenüber Ebene . .	2,2	0,53	0,290

Die kritische geometrische Charakteristik kann zustande kommen, erstens wenn die Abmessungen der Anordnung den kritischen Wert p_k ergeben und zweitens dadurch, daß zwar die Abmessungen der Anordnung ein p ergeben, das größer als p_k ist, daß aber bei Steigerung der Spannung der Radius r durch Auftreten der Glimmentladung, die den von ihr erfüllten Raum leitend macht, auf den Wert r_k scheinbar vergrößert und der Abstand der Elektroden auf den Wert a_k scheinbar verkleinert, so daß nunmehr $p = p_k$ wird. In diesem Augenblick geht dann der unvollkommene Durchschlag in den vollkommenen, d. h. die Glimm- oder Büschelentladung in den Funken über. Dieser Fall ist es, der hier hauptsächlich interessiert.

Es möge als Beispiel angenommen werden, daß eine Kugel mit dem Radius r einer Ebene gegenüber mit einem solchen Abstand a angeordnet sei, daß p größer als p_k ist. Beim Steigern der Spannung tritt dann zunächst der unvollkommene Durchschlag, also Glimmentladung auf. Bei welcher Spannung dies der Fall ist, kann man leicht berechnen, ist hier aber nicht von Wichtigkeit. Jedenfalls bildet sich um die Kugel die Glimmkorona aus.

Es werde angenommen, die Korona umhülle die Kugel derart, daß ihre Begrenzung auf einer Äquipotentialfläche liegt, deren Querschnitt demnach ein Kreis ist. Steigert man die Spannung immer weiter, dann wird schließlich der Radius der Glimmhülle gleich r_k und der Abstand der Glimmhüllenbegrenzung von der Ebene gleich a_k. In diesem Fall wird $p = p_k = 2{,}2$ (Zahlentafel B). Steigert man die Spannung jetzt nur noch um einen kleinen Betrag, dann tritt sofort der vollkommene Durchschlag, der Funken oder Lichtbogen auf. Wiederholt man den Versuch bei größeren oder kleineren Radien der Kugel oder bei größeren oder kleineren Abständen a, stets wird der vollkommene Durchschlag bei $p_k = 2{,}2$ eintreten, vorausgesetzt, daß vorher eine Korona vorhanden war.

Die Spannung des vollkommenen Durchschlages ergibt sich nach Gl. (7), wenn man für a den Wert a_k und für η den zugehörigen Wert η_k ($= 0{,}53$) einsetzt zu

$$U_{dk} = \mathfrak{E}_d \cdot a_k \cdot \eta_k. \quad\cdots\cdots \quad (9)$$

Nun ist, wie man leicht findet,

$$a = a_k + r_k - r, \quad\cdots\cdots \quad (10)$$

wenn man vernachlässigt, daß die Mitten der Kugel und der Glimmhülle nicht genau zusammenfallen. Setzt man in diese Gleichung den Wert für r_k aus der folgenden Gleichung

$$p_k = \frac{r_k + a_k}{r_k} \quad\cdots\cdots \quad (11)$$

ein und löst man nach a_k auf, so wird

$$a_k \cdot p_k = (a + r) \cdot (p_k - 1).$$

Damit geht die Gl. (9) über in

$$U_{dk} = \mathfrak{E}_d \cdot (a + r) \left(1 - \frac{1}{p_k}\right) \cdot \eta_k. \quad\cdots\cdots \quad (12)$$

Nun ist bei den großen Schlagweiten, mit denen man es hier zu tun hat, r stets klein gegenüber a und kann deshalb vernachlässigt werden. Die Größen $\mathfrak{E}_d$, p_k und η_k sind unveränderlich und sollen zur Konstanten C zusammengefaßt werden; also

$$\mathfrak{E}_d \cdot \left(1 - \frac{1}{p_k}\right) \cdot \eta_k = C; \quad\cdots\cdots \quad (13)$$

dies in Gl. (12) eingesetzt, ergibt die wichtige Beziehung

$$U_{dk} = C \cdot a. \quad\cdots\cdots \quad (14)$$

Auf diese Gleichung kommt man stets, welche Elektroden man auch der Betrachtung zugrunde legt, vorausgesetzt, daß dem Durchschlag eine Vorentladung vorangeht. Sie stellt das wichtige Gesetz dar:

Die Durchschlagspannung des vollkommenen Durchschlages wächst bei großen Abständen der Elektroden proportional mit der Schlagweite an.

Dieses Gesetz wird auch durch das Experiment bestätigt; denn bei allen Elektrodenformen und Spannungsarten besteht dieser lineare Zusammenhang[1]).

Es ist jetzt noch zu untersuchen, wie groß die Konstante C ist. Hierbei müssen wir unterscheiden, ob die angelegte Spannung oszillierenden Charakter hat oder ob es sich um Gleichspannungen bzw. Stoßspannungen handelt.

2. Oszillierende Spannungen.

Die Gl. (13) enthält den Ausdruck

$$\left(1 - \frac{1}{p_k}\right) \cdot \eta_k = c. \quad \ldots \ldots \ldots (15)$$

Dieser Wert von c kann für die einzelnen Anordnungen der Zahlentafel B berechnet werden; er ist in der dritten Reihe eingetragen.

Man sieht, daß c trotz der Verschiedenheit der Anordnungen und trotzdem, daß einige der Anordnungen parallelebene und die anderen meridianebene Felder aufweisen, nur in geringen Grenzen schwankt.

Nun ist aber die Durchschlagfestigkeit $\mathfrak{E}_d$ von der Elektrodenkrümmung r bzw. r_k und von der Schlagweite a bzw. a_k abhängig und zwar in der Weise, daß die Durchschlagfestigkeit bei den Anordnungen mit den größeren Werten von η bzw. η_k kleiner ist als bei den Anordnungen mit den kleineren Werten von η bzw. η_k. Der Unterschied in den Werten von C ist demnach noch geringer als der Unterschied von den Werten von c. Das heißt, daß der Faktor C bei allen Elektrodenanordnungen ungefähr denselben Wert besitzen muß.

Hierzu kommt noch folgendes. Die Annahme, daß die Korona eine scharf begrenzte und regelmäßige Form hat, trifft in Wirklichkeit nicht zu. Die Vorentladungen schießen vielmehr scheinbar ganz unregelmäßig aus den Elektrodenoberflächen heraus. Deshalb sind im Augenblick des Über-

---

[1]) W. Weicker, Dissertation Dresden 1910. W. O. Schumann, Elektrische Durchbruchfeldstärke von Gasen. Springer, Berlin 1923. P. Jacottet, Elektrotechnische Zeitschrift (58) 1937, H. 23 mit zahlreichen Angaben über das Schrifttum betreff Stoßspannungen.

gangs der Vorentladungen zur Funkenentladung die Werte von C andere, wie bei der gleichmäßig ausgebildeten Korona. Sie sind uns zwar nicht bekannt; es ist aber anzunehmen, daß die Büschelbildung bei allen Elektrodenformen ziemlich gleichartig ist. Daraus folgt aber, daß der Unterschied in den Werten von C bei den verschiedenen Elektrodenformen noch geringer ist als bei der gleichmäßig ausgebildeten und scharf begrenzten Korona.

Damit stimmen auch die Versuchsergebnisse überein. In der Literatur findet man beispielsweise für die Spannung des vollkommenen Durchschlages die in der Zahlentafel C angegegebenen Werte für die Schlagweite von 0,5 m.

Zahlentafel C.

Spitze gegen Spitze . . . . 173,5 kV
Spitze gegen Ebene . . . . 167,6 »
Kugel gegen Kugel (5 cm Dmr.) . . . . 182,0 »
Kugel gegen Ebene . . . . 172,0 »

Man sieht aus dieser Zahlentafel, daß die Unterschiede in den Durchschlagspannungen trotz der Verschiedenheit der Elektroden nicht groß sind, ein Beweis der Richtigkeit der theoretischen Untersuchungen.

Diese Durchschlagspannungen gelten streng genommen nur für den Fall, daß die beiden Elektroden »Spitze gegen Spitze« allein vorhanden sind, ebenso die Elektroden »Spitze gegen Ebene« usw.

Bei den hier vorliegenden Fällen stehen aber der Blitzelektrode zwei geerdete Elektroden gegenüber, nämlich die Fangvorrichtung und die Erde. Es wäre deshalb zu vermuten, daß die Feldverteilung um die geerdete Fangvorrichtung herum gestört wird, wenn die Spitze auf der geerdeten Ebene steht, ferner daß auch das Feld der Ebene ein anderes ist, wenn sich die geerdete Spitze in ihrer Nähe befindet. Das ist in der Tat der Fall, wenn dem Durchschlag keine Vorentladungen vorausgehen, der Raum also nicht mit den Ladungsträgern der Vorentladung erfüllt ist. Ist aber der Raum von Ladungsträgern erfüllt, dann verschwindet dieser Unterschied fast gänzlich. Daß die Störung des Feldes beim Vorausgehen von Vorentladungen nicht erheblich sein muß, kann man schon

daraus schließen, daß selbst große Unterschiede in den Elektrodenformen nur geringen Einfluß auf die Konstante *C* haben.
Um so weniger, muß man annehmen, können sich gegenseitige
Beeinflussungen der geerdeten Elektroden bemerkbar machen.
Dies kann man leicht durch einen Versuch nachweisen, indem
man eine Spitzenelektrode *O* (Abb. 24) auf der Ebene *E* auf-
stellt und ihr in irgendeiner Höhe eine andere Spitzenelektrode
soweit nähert, bis der Durchschlag der Luft entweder nach *O*
oder nach *E* erfolgt. Man erhält dann die in Abb. 24 eingetra-
genen Punkte für die Stellen, von wo aus der Einschlag sowohl
nach *O* als auch nach *E* erfolgt.
Die aufgenommenen Punkte weisen eine gewisse Streuung auf;
diese hängt davon ab, ob man die
Entladung nach den Einschlagstellen nur einmal oder öfter auftreten läßt.

Nun sieht man aus der Zahlentafel C, daß sich bei ein und derselben Spannung die Schlagweite
der Spitze nach der Ebene zur
Schlagweite der Spitze nach der
geerdeten Spitze verhalten wie
1,04:1,00. Wir konstruieren eine
neue »Grenzkurve«, bei welcher
sich die Abstände der einzelnen
Punkte der Kurve von *O* zu den
Abständen von *E* wie 1,00:1,04
verhalten. Diese Kurve ist in
Abb. 24 eingetragen; man sieht,

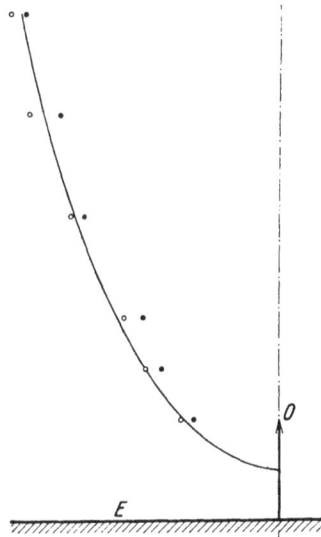

Abb. 24.

daß die rechnerisch gefundene Kurve sehr gut mit den Mittel-
werten der experimentell gefundenen Kurve zusammenfällt.
Damit ist ein Beweis gewonnen für die Zulässigkeit der Annahme, daß sich die Felder der beiden geerdeten Elektroden kaum beeinflussen.

Diese theoretischen und experimentellen Untersuchungen
haben ergeben, daß das Verhältnis der Schlagweiten von Punkten der Grenzkurve nach *O* bzw. *E* bei gegebener Spannung,
wenn auch nicht sehr verschieden aber doch immerhin nicht

gleich groß sind. Im zweiten Teil haben wir bei der Konstruktion der Grenzkurve angenommen, daß die genannten Schlagweiten gleich groß sind; deshalb hat sich als Grenzkurve die Parabel ergeben.

In Abb. 25 ist diese Parabel P_{OE} der Fangvorrichtung O nochmals eingetragen. Daneben ist auch die Grenzkurve für das Verhältnis der Schlagweiten 1:1,04 eingezeichnet (gestrichelte Kurve). Nach den Lehren der analytischen Geometrie ist diese Kurve eine Ellipse. Damit haben wir eine neue Grenzkurve gefunden, die Grenzellipse mit O als dem einen Brennpunkt und E als Leitlinie der Ellipse; in Abb. 25 ist nur der untere Teil der Ellipse gezeichnet.

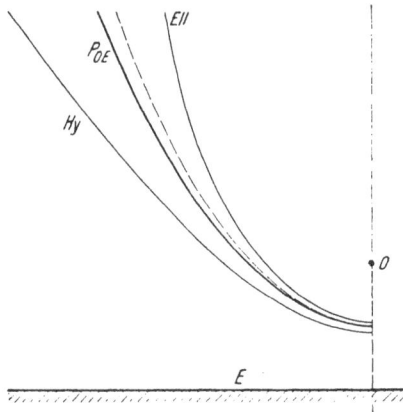

Abb. 25.

Für den extremen Fall, daß der Blitzkopf als Spitze angenommen wird und auch die Fangvorrichtung sehr scharf gekrümmt ist, ist die Grenzkurve der beiden Einzugsgebiete der Fangvorrichtung und der Erde demnach eine Ellipse.

Auf die Bedeutung der Ellipse als Grenzkurve der Einzugsgebiete muß noch näher eingegangen werden. Es tritt hier nämlich die neue Erscheinung auf, daß jetzt die Fangvorrichtung O selbst ein geschlossenes Einzugsgebiet besitzt, was bei unseren früheren Untersuchungen niemals der Fall war. Die Bedeutung dieser Erscheinung erkennt man aus folgendem. Man stelle sich vor, daß hoch über dieser Ellipse ein Blitz herniederfährt. Seine Richtung wird dann ziemlich senkrecht nach abwärts sein, gerade so, als wenn der Einschlag in die Erde erfolgen soll; denn er befindet sich im Einzugsgebiet der Erde. Plötzlich gelangt er auf seiner Bahn bis zur Grenzellipse, dringt in diese ein und befindet sich nunmehr im Einzugsgebiet der Fangvorrichtung O. Natürlich wird er dadurch in einem mehr oder weniger scharfen Knick nach der Fangvorrichtung hin abgelenkt. Dies ist einer der Fälle, wo der Ort der Entscheidung über die Einschlagstelle angegeben werden kann. Wir werden im nächsten Abschnitt einen ähnlichen, aber noch auffälligeren Fall kennenlernen.

3. Stoßspannungen.

Unter einer Stoßspannung kann man sich eine sehr kurz dauernde Gleichspannung vorstellen, die rasch auf einen bestimmten Höchstwert ansteigt und nach kurzer Zeit wieder auf den Wert Null herabsinkt. Denkt man sich eine solche Spannung an ein Elektrodenpaar angelegt, dann wechseln diese nicht mehr ihre Polarität, wie sie es beim Anlegen einer Wechselspannung getan haben, sondern behalten die ihnen einmal mitgeteilte Polarität bei. Auf das Blitzmodell übertragen heißt dies, daß die Blitzelektrode entweder positiv oder negativ gegen die beiden anderen Elektroden (Fangvorrichtung und Erde) sein kann.

Es ist gelungen, im Laboratorium solche Stoßspannungen mit ähnlichen Formen des Anwachsens und Abschwellens der Spannung zu erzeugen, wie sie beim Blitz vermutlich vorhanden sind und diese Stoßspannungen auf die Elektroden wirken zu lassen, wobei den Elektroden jede der beiden Polaritäten erteilt werden kann.

Hierbei hat sich wiederum gezeigt, daß auch bei der Anwendung von Stoßspannungen die Durchschlagspannung proportional mit der Schlagweite wächst, gleichgültig wie die Polaritäten verteilt sind. Allerdings ist zur Überbrückung einer gewissen Schlagweite bei Anwendung von Stoßspannung eine höhere Spannung notwendig als bei Anwendung einer Wechselspannung; der Faktor C ist also bei Stoßspannungen größer als bei Wechselspannungen. Im Faktor C ist nämlich die Durchschlagfestigkeit der Luft enthalten und diese ist bei Stoßbeanspruchungen erheblich größer als bei Wechselspannungen. Diese Erscheinung kann mit Hilfe der Theorie der Stoßionisierung erklärt werden; hierauf soll aber an dieser Stelle nicht näher eingegangen werden.

Daneben tritt noch eine weitere Merkwürdigkeit auf; die Durchschlagfestigkeit ist nämlich nicht nur größer als bei Wechselspannung, sondern auch noch von der Polarität der Elektroden abhängig, und zwar ist sie bei ein und derselben Elektrodenanordnung unter sonst gleichen Umständen größer, wenn die Elektrode mit der schärferen Krümmung mit dem negativen Pol verbunden ist, als wenn ihre Polarität positiv ist. Man nennt diese Erscheinung »Polaritätseffekt«. Auch dieser Effekt kann mit Hilfe der Theorie der Stoßionisierung erklärt werden.

In der folgenden Zahlentafel D ist zusammengestellt, wie groß die Stoßspannung zum Durchschlag einer Funkenstrecke mit 1 m Schlagweite bei einer gewissen Stoßwellenform (40 μ s-Welle) ist. Man kann hieraus den großen Einfluß des Polaritätseffektes erkennen.

Zahlentafel D.

Negative Spitze gegen Ebene	720 kV
Positive Spitze gegen Ebene	520 »
Negative Spitze gegen geerdete Spitze .	620 »
Positive Spitze gegen geerdete Spitze .	600 »
Negative Kugel (25 cm Dmr.) gegen Ebene	725 »
Positive Kugel (25 cm Dmr.) gegen Ebene	550 »

Nun nehmen wir wiederum den extremen Fall an, der Blitzkopf stelle eine Spitze dar und auch die Fangvorrichtung weise eine Spitze auf. Ist die Blitzelektrode positiv, dann ist die Fangstange und die Erde negativ. Die Schlagweite von der Blitzelektrode nach der Erde verhält sich dann zur Schlagweite nach der Fangstange wie 1,15:1,00.

Die Grenzkurve ist in diesem Fall also wiederum eine Ellipse; sie ist in Abb. 25 eingetragen. Man sieht, daß diese Ellipse nicht so hoch hinaufragt wie die vorher gefundene. Ein Blitz, der in seiner annähernd senkrechten Bahn aus großer Höhe herniederfährt, gelangt also erst ziemlich spät bis zur

Grenzellipse, dringt in diese ein und schlägt in die Fangvorrichtung ein. Hier wird sich demnach der plötzliche Knick
in der Blitzbahn noch deutlicher ausprägen.

Der Fall, daß der Blitz positiv ist, kommt nach den Ergebnissen der Stahlstäbchenmessungen unter 100 Blitzen etwa
10 bis 15 mal vor. Weit häufiger ist der Fall des negativen
Blitzes. Nach Zahlentafel D erhalten wir in diesem Fall für das
Verhältnis der Schlagweite zwischen Blitz und Erde zur Schlagweite zwischen Blitz und Fangstange den Wert 0,86:1,00. Die
Sachlage ist bei dieser Verteilung der Polaritäten also gerade
umgekehrt wie vorher.

Zeichnet man für diesen Fall die Grenzkurve zwischen den
Einzugsgebieten der Fangvorrichtung und der Erde auf
(Abb. 25), so erhält man nach den Lehren der analytischen
Geometrie eine Hyperbel. Damit haben wir wiederum eine
neue Grenzkurve kennen gelernt, die Grenzhyperbel.

Es soll angenommen werden, daß neben der Fangvorrichtung O_1 noch ein Körper O_2 (Abb. 4) vorhanden ist. Die Grenzgerade G_{12} bleibt auch jetzt ungeändert; denn sie trennt das
Grenzgebiet zweier gleichartiger Elektroden mit den gleichen
Polaritätseffekten. Wenn aber die Grenzkurve eine Hyperbel
ist, dann liegt der Schnittpunkt p der Grenzgeraden mit der
Grenzhyperbel weiter außen und in größeren Höhen, d. h. das
Einzugsgebiet des Körpers O_2 wird größer, die Einschlagsgefahr
nach O_2 damit erhöht, wenn die Polarität des Blitzes negativ ist.

Nimmt man an, daß der Blitzkopf die Form einer Kugel-
kalotte von etwa 25 cm Dmr. hat, also nicht die Form einer
Spitze, dann findet man bei Anwendung der Zahlentafel D,
daß die Einzugsgebiete der Fangvorrichtung wieder Ellipsen
bzw. Hyperbeln sind, und zwar mit noch größeren Abstands-
verhältnissen als bei spitzigem Blitzkopf.

Um eine Funkenstrecke mit Stoßspannungen zu durch-
schlagen, ist, wie wir gesehen haben, eine weit größere Spannung
notwendig als bei Anwendung von Wechselspannungen. Das
rührt daher, daß der zu durchschlagende Luftraum genügend
vorionisiert sein muß, bis es zum Durchschlag kommen kann;
um diese Vorionisierung in der kurzen Zeit der Stoßbeanspru-
chung zu erzeugen, ist eben eine höhere Spannung notwendig
als bei Dauerbeanspruchung der Funkenstrecke.

Die ansteigende Stoßwellenstirn der Spannung durchschreitet demnach den Wert der Dauerdurchschlagspannung U_{do} und wächst darüber hinaus zum Maximalwert der Stoßspannung U_{ds} an, bis der Durchschlag erfolgt. Die Zeit, welche von dem Augenblick an verstreicht, wo die Wellenstirn die Dauerdurchschlagspannung U_{do} durchschreitet bis zum Durchschlag nennt man »Funkenverzögerung« oder »Zeitverzug«. Beispielsweise ist der Zeitverzug bei einer Spitzenfunkenstrecke mit 1 m Schlagweite bei Verwendung von einer gewissen Stoßwellenform 10 μs, wenn der Scheitelwert der Stoßspannung rd. 620 kV beträgt. Das ist der Wert, der in Zahlentafel D für diese Funkenstrecke eingetragen ist. Will man diesen Zeitverzug verkürzen, dann muß man an die Funkenstrecke eine Stoßwelle mit höherem Scheitelwert anlegen. In Zahlentafel E sind die Scheitelwerte der Stoßwelle für diese Funkenstrecke zusammengestellt, die zum Durchschlag der Funkenstrecke abhängig vom Zeitverzug notwendig sind.

Zahlentafel E.

Zeitverzug	10	μs und mehr	$U_{ds} = 620$ kV
»	5	μs	700 »
»	3	μs	800 »
»	2	μs	900 »
»	1	μs	1130 »
»	0,5	μs	1400 »

Die Kurve, welche diesen Zusammenhang darstellt, nennt man »Stoßkennlinie« der Funkenstrecke.

Nun hat man gefunden, daß diese Beziehung zwischen Zeitverzug und Scheitelwert der Stoßspannung bei ein und derselben Funkenstrecke von der Schlagweite abhängig ist. Für jede Funkenstrecke gibt es also eine ganze Schar von Stoßkennlinien, deren Parameter die Schlagweite ist.

Außerdem hat man gefunden, daß diese Schar von Stoßkennlinien für die verschiedenartigen Funkenstrecken verschieden ist. Den größten Zeitverzug weist die Funkenstrecke »positive Spitze gegen Ebene« auf, dann folgt die Funkenstrecke »Spitze gegen Spitze«; den kleinsten Zeitverzug besitzt die Funkenstrecke »negative Spitze gegen Ebene«. Wenn man in Zahlentafel D die Funkenstrecken nach der Größe der Stoßspannungen ordnet, von kleinen Werten anfangend, dann erhält man die gleiche Reihenfolge.

Welche Bedeutung haben diese Erscheinungen nun für den Blitzschutz?

Zunächst muß man leider feststellen, daß uns die Stoß-kennlinien für so große Schlagweiten, wie sie beim Blitz vor-kommen, nicht bekannt sind. Nur das eine scheint festzu-stehen, daß der Zeitverzug mit zunehmender Schlagweite wächst. Immerhin aber können wir folgende Schlußfolgerun-gen ziehen.

Wenn der Blitzkopf mit positiver Polarität beispielsweise in irgendeinem Punkt der Grenzellipse steht, so ist zwar zum Durchschlag der Luftstrecke nach der Fangvorrichtung hin einerseits und nach der Erde hin andererseits dieselbe Stoß-spannung notwendig. Es sei angenommen, daß der Blitz diese Spannung besitzt. Dann wird er trotzdem nicht nach der Erde einschlagen, wie es nach unseren Betrachtungen, auf Grund welcher wir die Grenzellipse gefunden haben, möglich sein müßte, sondern er wird unbedingt nach der Fangvor-richtung einschlagen, weil der Zeitverzug nach dieser Durch-schlagstrecke hin kleiner ist. Das heißt nichts anderes, als daß die Ellipse bei Berücksichtigung des Zeitverzuges nicht mehr die Grenzkurve der Einzugsgebiete darstellt. Rückt man nun die Blitzelektrode weiter von der Fangvorrichtung weg und näher an die Erde hin und läßt man jetzt wiederum die gleiche Stoßwelle wirken, dann wird der Zeitverzug längs der Funken-strecke zur Fangvorrichtung hin größer, der Zeitverzug der Funkenstrecke gegen Erde hin dagegen kleiner. Offenbar muß es Punkte geben, wo bei ein und derselben Stoßwelle der Zeit-verzug der Blitzelektrode nach der Fangvorrichtung hin und nach der Erde hin gleich groß ist. Von dieser Grenzkurve glei-cher Funkenverzögerung kann man das eine bestimmt aus-sagen, daß sie eher mit der Grenzparabel als mit der Grenz-ellipse zusammenfällt; denn wir mußten ja die Blitzelektrode in Richtung zur Grenzparabel hin verrücken.

Stellt man dieselben Betrachtungen für negative Blitz-köpfe an, dann findet man wiederum eine Grenzkurve gleicher Funkenverzögerung. Diese fällt aber auch nicht mit der früher

gefundenen Grenzhyperbel zusammen, vielmehr liegt auch diese
Grenzkurve gleicher Zeitverzögerung in der Nähe der Grenzparabel.

Wenn uns nun auch die wahre Lage der Grenzkurven gleicher Funkenverzögerung nicht bekannt ist, so ist doch die
gewonnene Erkenntnis wichtig, daß die Grenzparabel
wiederum an Bedeutung gewonnen hat.

Nach diesen Darlegungen ist zu prüfen, ob die Regeln für
den Blitzableiterbau, die im zweiten Teil des Buches abgeleitet
worden sind, aufrecht erhalten werden können oder ob die Ergebnisse der vorstehenden Untersuchungen eine Änderung derselben verlangen.

Die Beantwortung dieser Frage läuft auf die Untersuchung
hinaus, ob die Anschauungen über die Schutzräume, wie sie
im zweiten Teil entwickelt worden sind, aufrecht erhalten werden können.

Hier muß man scharf folgendes herausstellen. Als sicheres
Ergebnis hinsichtlich des Schutzes von Gebäuden ist doch festgestellt worden, daß mit einer einzigen Fangvorrichtung auf
dem First des Hauses, seien es nun Fangstangen oder Fangleitungen, ein einwandfreier Schutz des Gebäudes nicht möglich ist. Zum mindesten braucht man auf jeder Dachseite in
der Nähe der Dachrinnen noch je eine Fangleitung oder eine
Fangstangenreihe.

Alle unsere Untersuchungen im zweiten Teil sind schließlich darauf hinausgegangen, die Fangvorrichtungen so anzu-
ordnen, daß die durch die eingeschriebenen Kreisspuren
allein begrenzten Schutzräume das Gebäude schützen müssen,
und zwar haben wir nur darauf geachtet, daß das ganze Dach
im Schutzraum liegt. Um die angeschriebene Kreisspuren
braucht man sich dabei nicht viel zu kümmern, weil die senkrechten Wände unserer Häuser ohne weiteres innerhalb der
Schutzraumbegrenzung durch die angeschriebenen Kreisbögen
liegen, wenn die Fangvorrichtungen bis an die Fronten des
Hauses reichen und die Giebelkanten mit Metall belegt sind.
Durch den Schutz des Daches bei Anordnung von mehreren
Fangvorrichtungen ist also auch der Schutz der Hauswände
gewährleistet.

Die Fangvorrichtungen auf dem Dach, also beispielsweise
die parallel laufenden Fangdrähte sind aber gleichartige
Elektroden. Für diese gilt deshalb nach wie vor die Grenzgerade G, die wir in den verschiedenen Abbildungen kennen
gelernt haben, und zwar gleichgültig, ob Polaritätseffekte und
Funkenverzögerungen auftreten oder nicht.

Als Schutzraumbegrenzung zwischen 2 parallelen Fangvorrichtungen haben wir die eingeschriebenen Kreisbögen mit
dem Mittelpunkt m kennen gelernt. Die Höhe der Fangvorrichtungen und ihre Abstände wurden so bestimmt, daß die eingeschriebenen Kreisbögen die Ebene des Daches höchstens berühren. Noch sicherer ist es natürlich, wenn die Dachfläche
nicht ganz bis an den Scheitel der eingeschriebenen Kreise
heranreicht.

Die wichtigste Frage ist die, ob diese Regel eine Änderung erfährt. Mit den oszillierenden Entladungen brauchen
wir uns nicht weiter zu beschäftigen. Nebenbei sei bemerkt,
daß für diesen Fall die Regel vom eingeschriebenen Kreis als
Schutzraumbegrenzung aufrecht erhalten bleibt.

Dagegen muß man prüfen, ob die Erscheinungen bei Stoßbeanspruchungen eine Korrektur dieser Regel erfordern.

In Abb. 3 sind 2 gleich hohe Fangstangen dargestellt.
Man nehme an, daß der Abstand der Fangstangenspitzen voneinander 2 m betrage. Im Punkt m denke man sich den Blitzkopf mit der Form einer Spitze. Die Schlagweite vom Blitzkopf bis zu den geerdeten Spitzen beträgt also je 1 m. Zwischen
den beiden Fangstangen nehme man eine Platte an, die parallel
zur Erde E, leitend und geerdet sei. Sie sei in senkrechter Richtung verschiebbar und möge das flache Dach eines Hauses
darstellen. Wir betrachten nun 2 Fälle.

Erster Fall. Der Blitzkopf in m möge negative Polarität
besitzen. Dann ist zum Durchschlag nach jeder der beiden geerdeten Spitzen eine Stoßspannung von 620 kV notwendig. Wie
hoch müßte man die Platte heben, damit bei dieser Spannung
auch der Durchschlag zur Platte hin möglich ist? Nach Zahlentafel D ergibt sich dieser Abstand zu 0,83 m; d. h. die Platte
dürfte höher liegen, als nach der oben dargelegten Schutzraumtheorie gestattet wäre. Nun würde aber bei der beschriebenen
Lage der Platte der Durchschlag nur zur Platte hin erfolgen und

nicht zu den geerdeten Spitzen hin, weil die Durchschlagverzögerung von der negativen Spitze zur Ebene hin kleiner ist als zu den geerdeten Spitzen hin. Also müßte man die Platte tiefer legen, um den Einschlag nach der Platte und nach den Spitzen hin zu ermöglichen. Die Platte würde dann also doch in die Nähe des Kreisscheitels der Schutzraumbegrenzung zu liegen kommen.

Zweiter Fall. Der Blitzkopf in m möge positive Polarität besitzen. In diesem Fall ist zum Durchschlag der Luft zwischen Blitzkopf und geerdete Spitze eine Stoßspannung von 600 kV nötig. Nach Zahlentafel D dürfte man die Platte dem Blitzkopf höchstens bis zum Abstand von 1,15 m nähern, wenn bei 600 kV der Durchschlag auch nach der Platte hin möglich sein soll. Nun ist aber die Funkenverzögerung zwischen positiver Spitze und Platte größer als zwischen positiver Spitze und geerdeter Spitze. Also würde bei der geschilderten Lage der Platte der Durchschlag dennoch nach den Spitzen hin erfolgen. Um auch nach der Platte hin den Durchschlag zu ermöglichen, müßte also die Platte gehoben werden. Auch in diesem Fall käme also die Platte in die Nähe des Scheitels des eingeschriebenen Kreises K_{12} zu liegen.

Daraus folgt, daß die Schutzraumbegrenzung, die wir früher gefunden haben, sehr wahrscheinlich ziemlich genau auch bei Stoßspannungen Gültigkeit hat.

Sollte es einmal gelingen, die Stoßkennlinien verschiedener Elektrodenanordnungen für die großen Schlagweiten, wie sie beim Blitz auftreten, aufzustellen, dann kann man die hier gestellten Fragen ganz genau untersuchen und beantworten.

Es gibt aber noch einen anderen Weg, die auf diesem Gebiet noch vorliegenden Probleme der Lösung näher zu bringen. Man müßte in einer Gegend, die erfahrungsgemäß von Blitzschlägen sehr häufig heimgesucht wird, Fangvorrichtungen genau definierter Art errichten, also beispielsweise Fangdrähte in bestimmter Anordnung und Fangstangen in bestimmter Anordnung und müßte dann mit Hilfe der Stahlstäbchenmessungen genau verfolgen, wo die Blitze einschlagen. Auf diese Weise könnte man wertvolle Erfahrungen sammeln.

VI. Versuche.

Nach den Schlußfolgerungen des letzten Abschnittes kann man annehmen, daß der Grenzparabel als Trennlinie der Einzugsgebiete der Fangvorrichtung und der Erde eine ziemlich allgemein gültige Bedeutung zukommt. Demnach müßte es also gestattet sein, die Versuche an einem Modell mit Wechselspannungen anzustellen, für welche ja die Grenzparabel mit Abweichungen von vielleicht 4% Gültigkeit besitzt. Dies bedeutet einen Vorteil insoferne, als mit hochgespannten Wechselströmen bequemer zu arbeiten ist als mit Stoßspannungen.

Den Modellversuch kann man auf verschiedene Weise anstellen. Man nehme an, in Abb. 2 sei O ein Fangdraht, der senkrecht zur Papierebene gespannt und mit der Erde E leitend verbunden sei. An der Stelle o denken wir uns einen zweiten, von O und E isolierten dünnen Draht gespannt, der gegen O und E unter Spannung gesetzt werden kann. Dieser Draht soll den Blitz darstellen. Natürlich ist dies an sich eine willkürliche Annahme; denn der Blitz hat sicherlich nicht die Form eines solchen Drahtes, sondern eher die Form eines vorne abgerundeten oder spitzigen Stabes. Wir haben aber gesehen, daß die Elektrodenform bei Anwendung von Wechselspannungen keinen großen Einfluß auf den Zusammenhang zwischen Spannung und Schlagweite hat. Der dünne Draht als Form des Blitzes wird mit Vorteil deshalb gewählt, weil man auf diese Weise für die Messung ein parallelebenes Feld erhält, das leichter auszumessen ist als ein unsymmetrisches Feld. Die Länge der Drähte wählt man am besten zu einigen Metern.

Dieses Feld, das sich zwischen dem Blitzdraht o einerseits und der Fangvorrichtung O und der Erde andererseits ausbildet, ist der Messung zugänglich unter Anwendung der vom Verfasser angegebenen sog. Elektroskopmethode. Die Durchführung der Messung hat man sich in der Weise vorzustellen, daß der Blitzdraht und die beiden miteinander leitend verbundenen Elektroden an die Pole eines Transformators angeschlossen werden. Die Spulen dieses Transformators müssen zugänglich sein, um Spannungen abgreifen zu können.

Nun spannt man an irgendeiner Stelle zwischen diesen Elektroden einen isolierten Hilfsdraht parallel zu den 2 Dräh-

ten in *O* und *o* und legt an diesen Hilfsdraht die Spannung
irgendeiner der Spulen des Transformators an; dadurch zwingt
man dem Hilfsdraht eine gewisse Spannung auf. Nun beobachtet man den Hilfsdraht mit Hilfe eines Fernrohres und sieht
zu, ob beim Anlegen des Hilfsdrahtes an eine der Spulen des
Transformators dieser Draht in Ruhe bleibt oder sich nach oben
oder nach unten bewegt. Tritt eine solche Bewegung auf, dann
legt man den Draht an eine andere Spule, bis man eine Spule
gefunden hat, bei welcher keine Bewegung des Hilfsdrahtes zustande kommt. Dies ist ein Zeichen dafür, daß der Hilfsdraht
im elektrischen Feld dieselbe Spannung hat, wie die abge-
griffene Spule. Da man die Spannung der abgegriffenen Spule
kennt, kann man angeben, wie groß die Spannung an der Stelle
ist, wo sich der Hilfsdraht befindet. Auf diese Weise mißt man
viele Stellen des Raumes durch und erhält damit die Verteilung
der Äquipotentialflächen.

Das ist das Prinzip der Meßmethode. Bei der experimentellen Lösung der gestellten Aufgabe der Auffindung des Schutzraumes geht man so vor, daß man zunächst die gesamte Spannung sehr niedrig wählt, um ein Glimmen des Blitzdrahtes zu
vermeiden. In diesem Zustand mißt man das ganze Feld durch.
Dann wählt man die Gesamtspannung so hoch, daß der Blitzdraht glimmt und mißt auch in diesem Zustand das ganze
Feld wiederum durch. Man wird dann finden, daß das elektrische Feld viel gleichmäßiger geworden ist und dies zwar
um so mehr, je heftiger der Blitzdraht glimmt. Diese Erscheinung ist bekannt und auch an Isolatoren festgestellt worden[1].
Damit ist durch das Experiment verständlich gemacht, warum
bei Funkenstrecken mit Vorentladung zwischen Spannung und
Schlagweite eine lineare Beziehung herrscht.

Nunmehr handelt es sich um die Auffindung des Schutzraumes. Zu diesem Zweck ordnet man außer den schon vorhandenen Drähten noch eine größere Zahl weiterer geerdeter
Drähte an, und zwar auf irgendeiner gedachten Fläche und
ermittelt mit Hilfe der Elektroskopmethode die Spannungs-
verteilung längs der Verbindungsstrecke *oO* und außerdem
längs aller Verbindungsstrecken von *o* nach den einzelnen ge-

---

[1] A. Schwaiger, Elektrische Festigkeitslehre, S. 251.

erdeten Drähten. Sollen die geerdeten Drähte auf der Begrenzung des wahren Schutzraumes liegen, dann müssen alle diese Spannungsverteilungen unter sich gleich sein. Der Einschlag könnte dann nach jeden der geerdeten Drähte sowie nach O und E erfolgen. Alle Gegenstände, die etwas tiefer unter der von den geerdeten Drähten gebildeten Fläche liegen, können dann nicht mehr vom Einschlag getroffen werden; jetzt muß die Entladung von o nach O, d. h. nach der Fangvorrichtung oder nach E, d. h. nach der Erde erfolgen, wie es sein soll. Im großen und ganzen erhält man auf diese Weise die Schutzraumbegrenzung. Die Messungen sind aber bei stark glimmendem Blitzdraht nicht sehr genau, da die Glimmhülle besonders beim Übergang in die Büschelentladungen sehr unruhig wird, weshalb an dieser Stelle nicht näher darauf eingegangen wird.

Einfacher ist der folgende Modellversuch. Die Fangstange O sei in Abb. 1 dargestellt. Als Blitzelektrode werde eine Stange mit einer nach unten gekehrten Spitze gewählt. Wir nehmen an, die Blitzelektrode befinde sich in irgendeiner Höhe über der Ebene, und zwar in einem solchen Abstand von ihr und von der Spitze der Fangstange, daß der Einschlag abwechslungsweise nach E oder nach O erfolgt.

Als Ebene wählt man am besten eine Metallplatte, die an sehr vielen Stellen durchlöchert ist. Durch eines dieser Löcher steckt man die Fangstange hindurch, so daß sie mit einer gewissen Höhe h über die Ebene hinausragt.

Nun steckt man durch irgendein Loch der Platte von unten herauf in der Nähe der Fangstange eine Hilfsstange mit Spitze, welche die gleiche Dicke wie die Fangstange haben kann und schiebt sie so weit in die Höhe, bis der Einschlag nicht mehr nach O oder E, sondern nach der Hilfsstange erfolgt. Daraufhin zieht man die Hilfsstange wiederum so weit zurück, bis die Entladung gerade wieder anfängt, nach O oder E einzuschlagen und in dieser Stellung, die sehr genau einstellbar ist, beläßt man diese Hilfsstange. Das gleiche Verfahren wiederholt man mit einer 2., 3. . . . . Hilfsstange in irgendeinem Punkt der Umgebung der Fangstange. Als Aufstellungsort für die Hilfsstangen benützt man zweckmäßigerweise eine oder mehrere Meridianebenen.

Hat man genügend viele Hilfsstangen eingestellt, dann sieht man deutlich, daß ihre Spitzen auf einer regelmäßigen Rotationsfläche liegen. Diese Versuche muß man nun im großen Umfang durchführen; man findet dann, daß die Absolutwerte der Höhe h der Fangstange keine Rolle spielt. Alle Versuche mit dem gleichen Verhältnis der Blitzhöhe W zur Fangstangenhöhe h ergeben dieselben Erzeugenden von Rotationsflächen, wenn man als Koordinaten Vielfache von h aufträgt.

In Abb. 26 sind die Erzeugenden von solchen Rotationsflächen für verschiedene Blitzhöhen $W = 1\,h$, $2\,h$ ... dargestellt. Die Kurve für $W = 1\,h$ ist die bekannte Begrenzung des ungünstigsten Schutzraumes. Die Kurve ist nicht ganz genau ein Kreisbogen aus Gründen, die uns bekannt sind. Man findet wiederum bestätigt, daß der Schutzraum um so größer ist, je größer die Höhen W sind, in welchen die Entscheidung über die Einschlagstelle erfolgt.

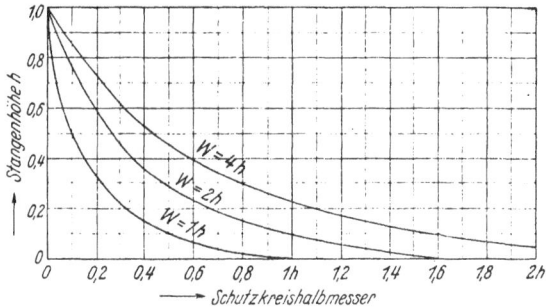

Abb. 26.

Aus einer Reihe von Blitzeinschlägen, die neben der Fangvorrichtung erfolgt sind und aus einer Reihe von Blitzphotographien schließt, wie schon erwähnt wurde, B. Walter, daß die Höhe W des Blitzes über der Erde, von wo ab der Blitz »mit Entschiedenheit auf den Turm zusteuert oder wo er sozusagen diesen Turm überhaupt erst bemerkt«, höchstens in der Höhe $W = 1\,h$ bis $2{,}5\,h$ liegen kann. Zeichnet man in Abb. 26 auch die Erzeugende des Schutzraumes nach Holtz ein, dann sieht man, daß selbst für eine Höhe $W = 4\,h$ des Blitzes der Schutzraum nach Holtz größer ist als der Schutzraum nach der hier vertretenen Theorie.

Man kann darüber verschiedener Ansicht sein, ob der vom Verfasser angegebene Schutzraum mit der Erzeugenden 1 h nicht doch vielleicht zu ungünstig ist. Hierüber kann natürlich nur die Erfahrung entscheiden. Jedenfalls steht das eine fest, worauf schon öfters verwiesen worden ist, daß eine spätere Entscheidung des Blitzes über die Einschlagstelle als längs der Ebene mit der Spur Oo (Abb. 1) nicht möglich ist[1]). Es wäre aber auch denkbar, daß der vom Verfasser angegebene Schutzraum noch zu günstig ist, da die experimentell aufgenommenen Schutzraumbegrenzungen etwas weiter durchsacken als die für die Schutzraumbegrenzung angenommenen Kreisbogen.

Es sind schon sehr viele Modellversuche zur Ermittlung der Einschlagstellen des Blitzes und zur Ermittlung des Schutzraumes von Fangvorrichtungen angestellt worden. Vielfach ist dabei so vorgegangen worden, daß man über einem Modell, das die Nachbildung eines Hauses oder einer Leitungsanlage darstellt, verschiedene Elektroden als Nachbildung einer Gewitterwolke angeordnet hat. Es ist nicht zu verwundern, daß das Ergebnis eines solchen Versuches zugunsten der heutigen Blitzschutzanordnungen ausfallen muß. Denn eine in großer Höhe über dem Modell angeordnete Elektrode stellt einen Blitz dar, dessen Entscheidung über die Einschlagstelle dort erfolgt, wo die Blitzelektrode aufgebaut ist. Die hier vertretene Theorie lehrt aber, daß dann der Einschlag unbedingt in die Fangvorrichtung erfolgen muß, falls diese auch nur ein wenig über ihre Umgebung hervorragt. Mit anderen Worten: Für sehr hoch angeordnete Blitz-Elektroden ist der Schutzraum eines jeden Blitzableiters unendlich groß.

Bei einem Modellversuch muß man in anderer Weise vorgehen. Man bildet beispielsweise eine Leitungsanlage mit dem verkehrten Tannenbaummast mit Erdseil nach. Hier steht nach der Erfahrung mit wirklichen Blitzen fest, daß gewisse

---

[1]) Nur wenn die Spannung des Blitzes so gering ist, daß sie zum Einschlag nach O nicht ausreicht, wäre es möglich, daß der Blitz die Spur Oo durchdringt, ohne in O einzuschlagen. Das Vorkommen solcher Blitze müßte sich dadurch verraten, daß Einschläge in den Boden gefunden werden, die näher als im Abstand Oo bei der Fangvorrichtung (Mast) liegen.

Leiterseile getroffen werden. Nun muß man diejenige Stellung der Blitzelektrode aufsuchen, bei welcher auch im Modell die Entladung nach diesen Leiterseilen auftritt, während diejenigen Leiterseile, welche von den wirklichen Blitzen noch nicht getroffen worden sind, auch im Modell nicht getroffen werden dürfen.

Dann muß man den Versuch auch noch mit anderen Leitungsanordnungen wiederholen, von welchen feststeht, daß sie blitzanfällige Phasenseile besitzen.

Damit erhält man diejenige Stellung der Blitzelektrode, welche beim Modellversuch als maßgebend zu erachten ist.

Mit dieser Stellung der Blitzelektrode kann man dann weitere Untersuchungen über den Einfluß der Anordnung mehrerer Erdseile, über den Einfluß von Inhomogenitäten im Erdreich, der Leitfähigkeit des Bodens usw. anstellen.

Es können also nur solche Modellversuche als einwandfreie Nachbildung der wirklichen Verhältnisse in der Natur anerkannt werden, welche auch die in der Natur wirklich beobachteten, einwandfreien Einschläge zu reproduzieren gestatten.

Daß hierbei die Elektrode eine Stellung erhält, welche in der Nähe der Ebene mit der Spur Oo bzw. Rr liegt, ist nach den Darlegungen in den vorhergehenden Abschnitten verständlich. Mit Hilfe des oben beschriebenen Spitzenmodells mit der durchlöcherten Platte lassen sich solche Versuche sehr bequem anstellen.

Schluß.

Faßt man das Ergebnis der vorliegenden Untersuchungen zusammen, dann kann man hinsichtlich des Leitungsschutzes feststellen, daß man mit einem einzigen Erdseil auf den Masten bei keinem der heute üblichen Mastbilder einen vollkommenen Schutz gegen Blitzschläge erreichen kann. Dies weist die Theorie nach und wird durch die Erfahrung bestätigt und ist endlich auch die Meinung der Fachleute.

Hinsichtlich des Gebäudeschutzes kann man feststellen, daß der Schutz eines Hauses mit Hilfe von Fangstangen in vollkommener Weise nicht möglich ist, besonders nicht mit einer einzigen Fangstange. Hier muß man unbedingt Fangleitungen anwenden, und zwar zum mindesten drei Fangleitungen. Nur beim Schutz von Türmen ist die Anwendung einer Fangstange auf der Spitze des Turmes am Platz.

Es ist, wie schon gesagt, unverständlich, daß man die Mittel, die man für die Verbesserung des Leitungsschutzes kennt, nicht auch für den Häuserschutz anwendet, besonders wenn man weiß, daß sich der Gebäudeschutz in seinen Grundsätzen nicht wesentlich vom Leitungsschutz unterscheidet, wegen des weit ausladenden Daches aber noch mehr wie die Leitungsanlage verbesserungsbedürftig ist.

Was hat man nun von der Einführung der empfohlenen Neuerungen zu erwarten? Es unterliegt keinem Zweifel und ist durch die Erfahrungen bei Leitungsanlagen einwandfrei bestätigt, daß sie eine wesentliche Verbesserung des Blitzschutzes darstellen und demnach eine Minderung der zündenden Blitze mit sich bringen. Die Neuerungen sind ja im Grunde genommen nichts anderes als ein weitmaschiger Faradayscher Käfig. Das Neue ist darin zu erblicken, daß es gelungen ist, mit Hilfe von Gesetzen der Hochspannungstechnik die größte noch zulässige Maschenweite dieses Käfigs zu bestimmen.

Man darf natürlich nicht erwarten, daß trotz Befolgung der neuen Regeln und trotz bester Erdung nicht doch noch Einschläge in das zu schützende Gebäude erfolgen könnten.

Bei den Untersuchungen haben wir nämlich stets angenommen, daß die Erde ein guter Leiter ist und eine ebene Oberfläche besitzt. Wenn nun die Erde an einzelnen Stellen ein Nichtleiter ist, dann ist für die Berechnung der Fangvorrichtung die Höhe der Fangvorrichtung über dem Grundwasserspiegel maßgebend. Ist die Lage desselben bekannt, so kann die Rechnung auch in diesem Fall durchgeführt und die Anlage geschützt werden. Ist die Lage des Grundwasserspiegels nicht bekannt oder befinden sich unter dem Boden nur Wasseradern unbekannten Laufes, dann darf man sich nicht wundern, wenn der Blitz neben der Schutzvorrichtung einschlägt, falls diese so berechnet ist, als wenn die Erdoberfläche leitend wäre.

Der andere Fall, daß die Oberfläche des Bodens nicht eben ist, sondern hügelig oder daß neben dem zu schützenden Gegenstand ein hohes Gebäude oder Bäume stehen, kann beim Entwurf der Blitzschutzanlage wohl berücksichtigt werden. Man geht in solchen Fällen am besten davon aus, daß man zunächst die Form der Einzugsgebiete bestimmt; dann läßt sich die Lage der Schutzräume leichter ermitteln.

Für all diese Fälle kann man keine allgemein gültigen Regeln aufstellen; die Schutzeinrichtungen für solche Fälle zu planen, muß man dem Fachmann überlassen, der auch in schwierigeren Fällen die einschlägigen Gesetze anzuwenden versteht.

Die hier gefundenen Gesetze scheinen dem Verfasser nicht nur für die Neuerstellung von Anlagen wichtig zu sein, sondern auch für die Beurteilung von erfolgten Einschlägen. Vielleicht lassen sich nunmehr manche bisher als rätselhaft angesehene Fälle aufklären, wodurch auch der Blitzforschung gedient wäre.

Gegen die neue Form der Blitzschutzanlagen wird man einwenden, daß sie ein ungewohntes und vielleicht auch unschönes Bild für unsere Gebäude ergeben. Hier muß man sich daran erinnern, daß schon bei Einführung der heute üblichen Anordnungen solche Bedenken laut geworden sind. Ja noch mehr: Nach Erfindung des Blitzableiters sträubten sich viele Kreise gegen dessen Einführung, weil der Blitzableiter auch große schädliche Wirkungen erzeugen könnte. Als im Jahre 1755 in Massachusetts ein Erdbeben auftrat, schrieb ein Geistlicher in Boston die Ursache dieser Erscheinung den damals schon vorhandenen Blitzableitern zu. Ferner, als im Jahre 1777 auf dem Kirchturm in Siena ein Blitzableiter errichtet wurde, nachdem der Turm durch eine Reihe von Blitzschlägen Beschädigungen erlitten hatte, erregte dies unter der Bevölkerung starken Widerspruch. Die Fangstange wurde, wie auch an anderen Orten, als »Ketzerstange« bezeichnet. Schließlich aber hat man sich doch überall an den Blitzableiter gewöhnt.

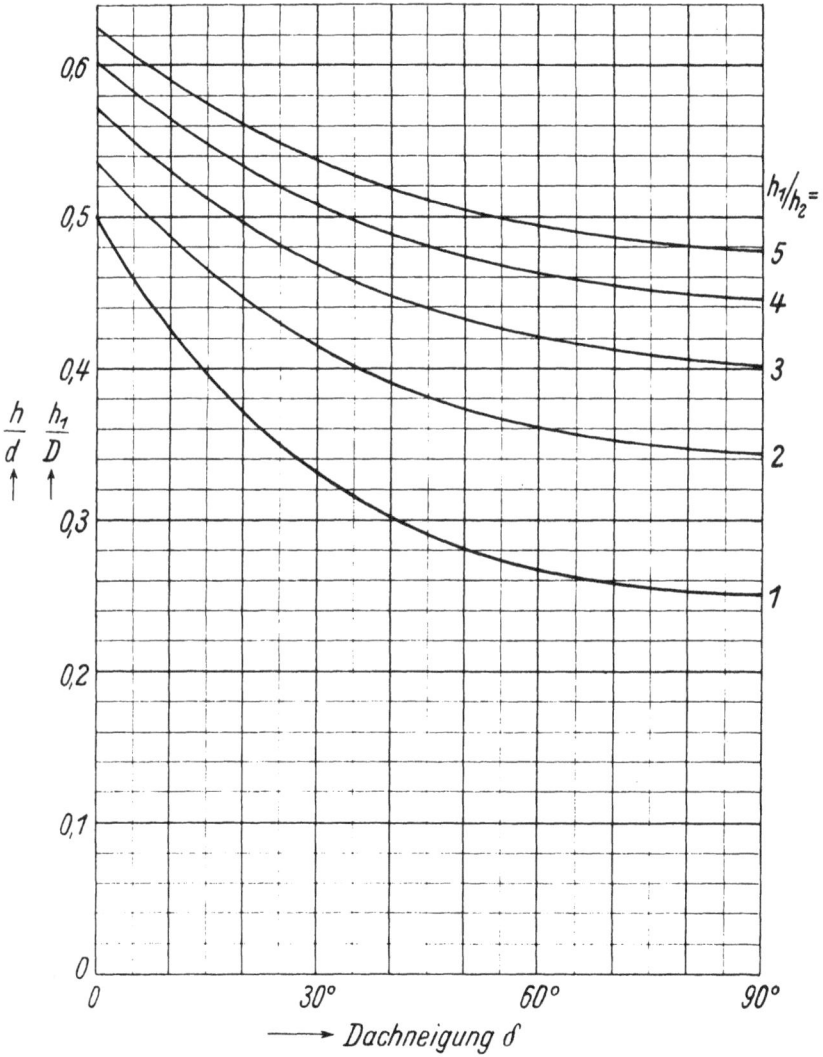

$\dfrac{h}{d}$ $\dfrac{h_1}{D}$

$h_1/h_2 =$

5
4
3
2
1

0,6

0,5

0,4

0,3

0,2

0,1

0

0   30°   60°   90°

⟶ *Dachneigung δ*

Kurventafel I a.

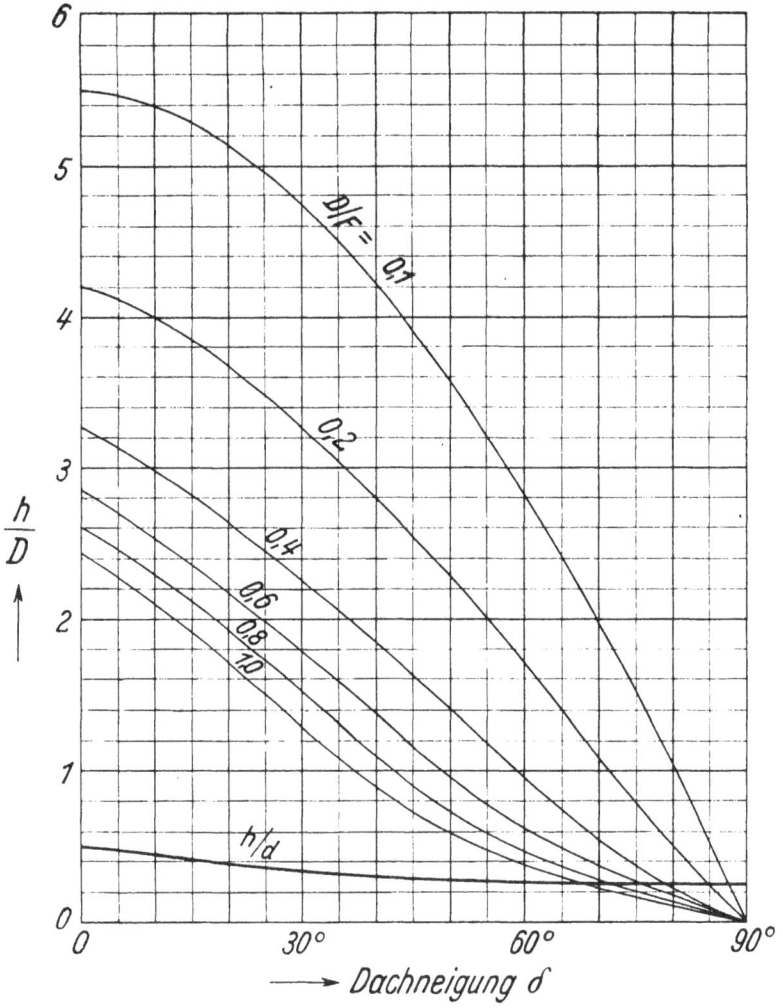

Kurventafel 1 b.

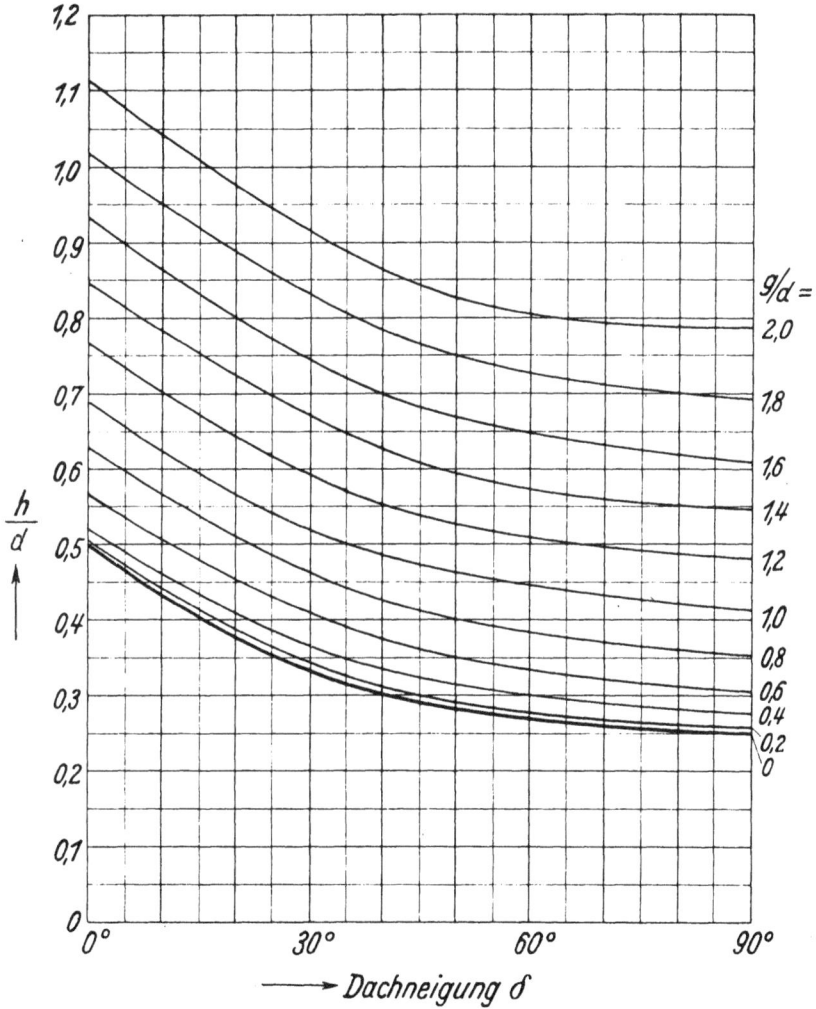

Kurventafel II.

Zahlentafel I.

Längsfangleitungen.

Es bedeuten: δ = Neigungswinkel des Daches; h = Höhe der Fangleitung über First oder Dach, im besonderen h_1 = Höhe der Fangleitung über First und h_2 = Höhe der Fangleitung über Traufkante; d = Abstand der Fangleitungen voneinander; D = Abmessung des Daches von First bis Traufkante; F = Höhe des Firstes über Boden. Alle Längenmaße sind in m einzusetzen.

Dachneigung $\delta =$	0^0	10^0	20^0	30^0	40^0	50^0	60^0	70^0	80^0
(Kurventafel I a, dick ausgezogene Kurve)	α) $h:d$ für die Anordnung vieler Längsfangleitungen								
	0,50	0,43	0,37	0,33	0.31	0,28	0,27	0,26	0,25
(Kurventafel I a)	β) $h_1:D$ für die Anordnung von 3 Längsfangleitungen								
für $h_1:h_2 = 1$	0,50	0,43	0,37	0,33	0,31	0,28	0,27	0,26	0,25
$= 2$	0,54	0,49	0,45	0,42	0,39	0,37	0,36	0,35	0,35
$= 3$	0,57	0,53	0,49	0,47	0,45	0,43	0,42	0,41	0,41
$= 4$	0,60	0,57	0,53	0,51	0,49	0,47	0,46	0,45	0,45
$= 5$	0,63	0,59	0,56	0,54	0,52	0,50	0,49	0,49	0,48
(Kurventafel I b)	γ) $h:D$ für die Anordnung einer einzigen Firstleitung								
für $D:F = 0,1$	5,50	5,40	5,10	4,70	4,20	3,55	2,80	2,00	1,00
$= 0,2$	4,20	4,00	3,67	3,27	2,80	2,30	1,70	1,05	0,50
$= 0,4$	3,28	2,96	2,64	2,26	1,86	1,41	0,93	0,53	0,25
$= 0,6$	2,85	2,52	2,17	1,79	1,40	0,95	0,61	0,35	0,17
$= 0,8$	2,60	2,30	1,90	1,52	1,09	0,71	0,46	0,26	0,13
$= 1,0$	2,44	2,09	1,71	1,30	0,87	0,57	0,37	0,21	0,10

Zahlentafel II.

Fangstangen.

Es bedeuten: $\delta = $ Neigungswinkel des Daches; $h = $ Länge der Fangstangen; $d = $ Abstand der Fangstangenreihen voneinander; $g = $ Abstand der Fangstangen voneinander innerhalb der Reihe; $D = $ Abmessung des Daches von First bis Traufkante; $F = $ Höhe des Firstes über Boden. Alle Längenmaße sind in m einzusetzen.

Dachneigung $\delta =$	0^0	10^0	20^0	30^0	40^0	50^0	60^0	70^0	80^0
(Kurventafel II)	α) $h:d$ für die Anordnung mehrerer Stangenreihen								
für $g:d = 0$	0,50	0,43	0,37	0,33	0,31	0,28	0,27	0,26	0,25
$= 0,2$	0,51	0,44	0,38	0,34	0,31	0,29	0,28	0,27	0,26
$= 0,4$	0,52	0,47	0,41	0,37	0,34	0,31	0,30	0,29	0,28
$= 0,6$	0,57	0,51	0,45	0,41	0,38	0,35	0,33	0,32	0,32
$= 0,8$	0,63	0,56	0,51	0,46	0,43	0,40	0,38	0,37	0,36
$= 1,0$	0,69	0,63	0,57	0,52	0,49	0,46	0,44	0,43	0,42
$= 1,2$	0,77	0,70	0,64	0,60	0,55	0,53	0,50	0,49	0,48
$= 1,4$	0,85	0,78	0,72	0,67	0,63	0,59	0,57	0,56	0,55
$= 1,6$	0,93	0,86	0,80	0,74	0,70	0,67	0,65	0,63	0,62
$= 1,8$	1,02	0,95	0,88	0,83	0,79	0,75	0,72	0,71	0,70
$= 2,0$	1,11	1,04	0,97	0,91	0,87	0,83	0,81	0,79	0,78

(Kurventafel I b)	β) $h:D$ für die Anordnung einer einzigen Stangenreihe auf dem First. Siehe Zahlentafel I unter γ)
(Kurventafel I b)	γ) $h:D$ für die Anordnung einer einzigen Stange. Siehe Zahlentafel I unter γ. $(D = g = 0{,}5\,L;\ \delta = 0)$

Sachverzeichnis.

ABB 4, 21
Achard 11
Andersen 16
Arago 13

Baumeinschläge 14
Becquerel 13
Belgrand 13
Bilwiller 16
Blitz 64
Blitzschäden 3
Böckmann 12

Cavendish 8
Charles 13
Colladon 14

Dachneigungen 51
Deleuil 12
Desains 13
Doppelschicht 64
Drehstrommast, einfacher 79
Dufour 16

Einphasenmast 67
Einzugsgebiet 37
Eisenlohr 13
Elektroskopmethode 101
Entladung 86

Faraday 19, 24, 63
— scher Käfig 19, 23
Felbiger 10
Fizeau 13
Franklin 7
Frontseiten 52
Funkenverzögerung 96

Gay-Lussac 12
Gebäudeeinschlag 82
geom. Charakteristik 86

Geschichtliches 4
Giebelseiten 52
Grenzellipse 92
— gerade 35
— hyperbel 95
— parabel 27

Hehl 13
Helfenzrieder 11
Helmholtz 15
Hemmer 10
Hochspannungsleitungen
    22, 39, 68
Holtz 14, 22, 23

Imhof 11
Ingenhousz 12

Kreisbögen, eingeschriebene 42
    — , angeschriebene 42

Längsfangleitungen 44
Landriani 12
Leitfähigkeit der Luft 38
Leitungsanlagen 3
Lichtenberg 10
Luftdurchschlag 86

Mahon 11
Maschenweite 23
Maxwell 19, 63
Meidinger 18
Melsens 17, 63
Metalldach 40
du Monsel 13

Polaritätseffekt 94
Pouillet 12
Purfleet 8

Querfangleitungen 44

Reimarus 9
Rotationskegel 30
Ruckstufen 67

Saugwirkung 7
de Saussure 11
Schonland & Collens 67
Schutzraum 13
Secchi 14
Seilanordnung, waagrechte 77
Spannung des Blitzes 33
Spitzen 7
St. Claire Deville 13
Stoßspannung 66

Tannenbaummast 70, 75

Toaldo 12
Toepler 13, 64
Tonnenmast 73
Türme 59

Walmdach 61
Walter 15, 81
Wasseradern 83
Weber 16
Wilde 13
Wirtschaftlichkeit 24
Wünschelrutengänger 83

Zeitverzug 96
Zeltdach 61
Zenger 15

Hochspannungsleitungen. Grundlagen und Methoden zur praktischen Berechnung. Von Professor Dr.-Ing. A. Schwaiger. 148 Seiten, 75 Abbildungen, 4 Zahlentafeln. 8°. 1931. RM. 6.30

Meßbrücken und Kompensatoren. Von Dr. Josef Krönert. Band I: Theoretische Grundlagen. 282 Seiten, 350 Abbildungen. Gr.-8°. 1935. In Leinen RM. 13.80

Trockengleichrichter. Von Karl Maier. 313 Seiten, 312 Abbildungen. Gr.-8°. 1938. In Leinen RM. 18.—

Die Technik selbsttätiger Steuerungen und Anlagen. Neuzeitliche schaltungstechnische Mittel und Verfahren, ihre Anwendung auf den Gebieten der Verriegelungen und der selbsttätigen Steuerungen. Von Dipl.-Ing. G. Meiners. 225 Seiten, 144 Abbildungen. Gr.-8°. 1936. In Leinen RM. 12.—

Die Technik der Fernwirk-Anlagen. Fernüberwachungs- und Fernbetätigungseinrichtungen für den elektrischen Kraftwerks- und Bahnbetrieb, für Gas-, Wasser- und andere Versorgungsbetriebe. Von Dr.-Ing. W. Stäblein. 302 Seiten, 172 Abbildungen. Gr.-8°. 1934. In Leinen RM. 15.—

Kurzschlußströme in Drehstromnetzen. Berechnung und Begrenzung. Von Dr.-Ing. M. Walter. 2. Auflage. 167 Seiten, 124 Abbildungen. Gr.-8°. 1938. In Leinen RM. 8.80

Strom- und Spannungswandler. Von Dr.-Ing. M. Walter. 159 Seiten, 163 Abbildungen. Gr.-8°. 1937. In Leinen RM. 8.80

Der Selektivschutz nach dem Widerstandsprinzip. Von Dr.-Ing. M. Walter. 172 Seiten, 144 Abbildungen. Gr.-8°. 1933. RM. 8.50

Der Erdschluß in Hochspannungsnetzen. Von Ingenieur Hans Weber, Leiter des elektrotechnischen Laboratoriums der Berliner Kraft- und Licht-(Bewag)A. G. 107 Seiten, 86 Abbildungen. Gr.-8°. 1936. RM. 5.80

R. OLDENBOURG · MÜNCHEN 1 UND BERLIN

www.ingramcontent.com/pod-product-compliance
Lightning Source LLC
Chambersburg PA
CBHW031448180326
41458CB00002B/691